Institut für Produktionstechnik

Forschungsberichte aus dem
wbk Institut für Produktionstechnik
Karlsruher Institut für Technologie (KIT)

Hrsg.: Prof. Dr.-Ing. Jürgen Fleischer
Prof. Dr.-Ing. Gisela Lanza
Prof. Dr.-Ing. habil. Volker Schulze

Alexandra Schabunow

Einstellung von Aufnahmeparametern mittels projektionsbasierter Qualitätskenngrößen in der industriellen Röntgen-Computertomographie

Band 217

Karlsruher Institut für Technologie

Einstellung von Aufnahmeparametern mittels projektionsbasierter Qualitätskenngrößen in der industriellen Röntgen-Computertomographie

Zur Erlangung des akademischen Grades

Doktor der Ingenieurwissenschaften

der Fakultät für Maschinenbau

Karlsruher Institut für Technologie (KIT)

genehmigte

Dissertation

von

M. Sc. Alexandra Schabunow

aus Rottweil

Tag der mündlichen Prüfung: 25.06.2018

Hauptreferent: Prof. Dr.-Ing. Gisela Lanza

Korreferent: Prof. Dr.-Ing. Robert Schmitt

Bibliografische Information der Deutschen Nationalbibliothek
Die Deutsche Nationalbibliothek verzeichnet diese Publikation in der Deutschen Nationalbibliografie; detaillierte bibliografische Daten sind im Internet über http://dnb.d-nb.de abrufbar.

Zugl.: Karlsruhe, Karlsruher Institut für Technologie, Diss., 2018

Printed in Germany.

ISBN 978-3-8440-6181-9
ISSN 0724-4967

Shaker Verlag GmbH • Postfach 101818 • 52018 Aachen
Telefon: 02407 / 95 96 - 0 • Telefax: 02407 / 95 96 - 9
Internet: www.shaker.de • E-Mail: info@shaker.de

Institut für Produktionstechnik

Vorwort der Herausgeber

Die schnelle und effiziente Umsetzung innovativer Technologien wird vor dem Hintergrund der Globalisierung der Wirtschaft der entscheidende Wirtschaftsfaktor für produzierende Unternehmen. Universitäten können als „Wertschöpfungspartner" einen wesentlichen Beitrag zur Wettbewerbsfähigkeit der Industrie leisten, in dem sie wissenschaftliche Grundlagen sowie neue Methoden und Technologien erarbeiten und aktiv den Umsetzungsprozess in die praktische Anwendung unterstützen.

Vor diesem Hintergrund soll im Rahmen dieser Schriftenreihe über aktuelle Forschungsergebnisse des Instituts für Produktionstechnik (wbk) des Karlsruher Instituts für Technologie (KIT) berichtet werden. Unsere Forschungsarbeiten beschäftigen sich sowohl mit der Leistungssteigerung von Fertigungsverfahren und zugehörigen Werkzeugmaschinen- und Handhabungstechnologien als auch mit der ganzheitlichen Betrachtung und Optimierung des gesamten Produktionssystems. Hierbei werden jeweils technologische wie auch organisatorische Aspekte betrachtet.

Prof. Dr.-Ing. Jürgen Fleischer
Prof. Dr.-Ing. Gisela Lanza
Prof. Dr.-Ing. habil. Volker Schulze

Karlsruher Institut für Technologie

wbk
Institut für Produktionstechnik

Vorwort der Verfasserin

Die vorliegende Arbeit entstand im Rahmen meiner Tätigkeit als wissenschaftliche Mitarbeiterin des Instituts für Produktionstechnik (wbk) am Karlsruher Institut für Technologie (KIT). An dieser Stelle danke ich der Institutsleitung für die fachliche und persönliche Unterstützung und Förderung.

Mein besonderer Dank gilt dabei Frau Prof. Dr.-Ing. Gisela Lanza zum einen für die Betreuung meiner wissenschaftlichen Arbeit als Hauptreferentin und zum anderen für das Vertrauen, welches sie mir in den vergangenen Jahren immer entgegengebracht hat. Herrn Prof. Dr.-Ing. Robert Schmitt danke ich für das Interesse an meiner Arbeit und für die Übernahme des Korreferats. Dem Karlsruhe House of Young Scientists (KHYS) möchte ich an dieser Stelle für die Förderung meines Forschungsaufenthalts an Dänemarks Technischer Universität (DTU) in Lyngby danken.

Meinen Kolleginnen und Kollegen am wbk und in besonderer Weise dem Bereich Produktionssysteme danke ich für die positive und konstruktive Arbeitsatmosphäre und die schönen Stunden innerhalb und außerhalb des Instituts. Insbesondere danke ich Dietrich Berger, Leonard Schild und Marielouise Zaiß für die konstruktiven Anmerkungen zu meiner Arbeit sowie Manfred Raab und Matthias Becker für die vielfältige Unterstützung im und um den Messraum.

Meinen studentischen Hilfskräften, Seminar- und Abschlussarbeitern danke ich für ihre Unterstützung und ihr Engagement. Stellvertretend danke ich Timm Schneider für die intensiven fachlichen Diskussionen sowie seinen unermüdlichen Einsatz.

Meinen Eltern und meiner Schwester danke ich für ihre Unterstützung vor und während meiner Zeit am Institut. Ein ganz besonderer Dank gilt meinem Mann Daniel für sein Verständnis und seine Motivation während der arbeitsreichen Zeit bei der Erstellung dieser Arbeit.

Karlsruhe, im Juni 2018

Alexandra Schabunow

KIT
Karlsruher Institut für Technologie

Abstract

In the last years, x-ray computed tomography (CT) has gained more and more importance in metrology. However, computed tomography is a complex and indirect measurement procedure. Many factors contribute to the measurement result, which makes it difficult for the user to relate cause and effect. Especially, user-set scan parameters influence the measurement result significantly. The selection of scan parameters is still based on the experience of the CT user, while the influence of the parameter choice on the measurement result cannot be quantified. This leads to diverging and non-optimal scan results. The quality of the CT scan can only be evaluated afterwards, e.g. by visual inspection of the reconstructed volume.

Taking into account that the process chain of CT measurements is highly complex, the very first step is the generation of reliable high quality projections that can then be fed into the reconstruction. The quality of these projections can be described quantitatively by image quality measures. Thus, a method for projection based evaluation of CT image quality in micro computed tomography is presented. The approach is divided into three steps.

First, different projection based image quality measures are assessed. Among them, adequate image quality parameters for the description of CT projection images are selected, which enable the evaluation of the image quality of single projection images before the actual measurement procedure is started.

In the second step, an experimental model is established, which relates the projection image quality with the measurement error. An optimization model is developed in the third step, which enables a projection-based selection of scan parameters by a genetic algorithm. The algorithm varies the scan parameters and evaluates the quality of single projections for every workpiece that is to be measured. As soon as a preferable projection quality is reached, the algorithms stops and displays the favourable scan parameters, which can be used in the subsequent measurement.

By means of the new method, adequate scanning parameters for each measuring task can be chosen beforehand, which can lead to a reduction of the measurement error.

The presented approach has been implemented in a software prototype which can be used directly at the computed tomograph. The software tool helps to avoid CT artefacts by preventing misplacement of the part to be scanned and recommends a preferable set of scan parameters for the actual CT scan. The software prototype has been successfully applied on different test bodies.

Inhaltsverzeichnis

Abkürzungsverzeichnis

Abkürzung	Beschreibung
CT	Computertomographie
CsI	Cäsium-Jodid
Gd_2O_2S:Tb	mit Terbium aktiviertes Gadoliniumoxisulfid
GUM	Guide to the Expression of Uncertainty in Measurement
GUI	Graphical User Interface
FFT	Fast Fourier Transform
DCT	Diskrete Kosinus-Transformation
FDK	Feldkamp-Davis-Kress (Algorithmus)
KMG	Koordinatenmessgerät
KOS	Koordinatensystem
LHS	Latin Hypercube Space Filling Design
LQV	Local Quality Value
MFT	Modulationstransferfunktion
MPE_E	Längenmessabweichung
ROI	Region of Interest
VN	Versuchsnummer

Formelverzeichnis

Formelzeichen	Größe	Einheit
a_{u_i}	Grenzwert der Wahrscheinlichkeitsdichteverteilung	-
A	Abstand	m
A_{MPE}	Konstanter Anteil der Längenmessabweichung MPE_E	m
acf	lokale Autokorrelation	-
α	Signifikanzniveau	-
b	Bild	-
b_i	Gewichtungsfaktor	-
b_{u_i}	Faktor für die Form der Wahrscheinlichkeitsdichteverteilung	-
b_0	Konstante	-
$\|b\|$	absolute systematische Abweichung	m
B	Fourier-Transformierte des Bildes b	-
B_c	DCT-Transformierte des Bildes b	-
$\tilde{B}_c$	normalisierte DCT-Transformierte des Bildes b	-
B_i	Grauwert des Bildpunkts	-
$\bar{B}$	mittlerer Grauwert der Bildpunkte	-
$Blur_{geo}$	geometrische Unschärfe	m
c	Erweiterungsfaktor	-
c_i	Sensitivitätskoeffizient	-
C	Kontrast	-
C_{ratio}	Kontrastverhältnis	-
CNR	Kontrast-Rausch-Verhältnis	-
D	Durchmesser	m
d_{min}	kleinster Durchmesser	m
Δg	Grauwertdifferenz	-
Δt_{max}	größte Temperaturabweichung von der mittleren Temperatur t_m	$°C$

Formelzeichen	Größe	Einheit
Δt_S	Genauigkeit des Temperatursensors	$^{\circ}C$
Δy	Shift in y-Richtung	-
Δz	Shift in z-Richtung	-
e	Elementarladung	C
E	Photonenenergie	eV
$\bar{E}$	Effektive Energie	eV
E_{max}	Grenzenergie	eV
ϵ	Fehler	-
f	Brennfleckgröße	m
F	Ortsfrequenz	$1/m$
FOA	Fokus-Objekt-Abstand	m
FDA	Fokus-Detektor-Abstand	m
f_w	Gewichtungsfunktion	-
f_{n_i}	Nutzenfunktion	-
F_{max}	maximale Ortsfrequenz	$1/m$
F_{th}	Frequenzsumme	$1/m$
F_4	Autokorrelationskennwert nach Vollath	-
g	Grauwert	-
$\bar{g}$	mittlerer Grauwert	-
$\bar{g}_h$	mittlerer Grauwert des Hintergrunds	-
$\bar{g}_{h_{OGW}}$	oberer Grenzwert für den mittleren Grauwert des Hintergrunds	-
$\bar{g}_{h_{UGW}}$	unterer Grenzwert für den mittleren Grauwert des Hintergrunds	-
g_{high}	höchster Grauwert im Dynamikbereichs des Detektors	-
g_{low}	niedrigster Grauwert im Dynamikbereichs des Detektors	-
g_{max}	höchster Grauwert	-
g_{min}	niedrigster Grauwert	-
$\bar{g}_o$	mittlerer Grauwert des Objekts	
$\bar{g}_{o_{OGW}}$	oberer Grenzwert für den mittleren Grauwert des Objekts	-
$\bar{g}_{o_{UGW}}$	unterer Grenzwert für den mittleren Grauwert des Objekts	-
G	Gradient	-

Formelzeichen	Größe	Einheit
G_B	Brenner-Funktion	-
G_n	normalisierter globaler Gradient	-
G_{sobel}	Sobel-Gradient	-
G_T	Tenengrad-Funktion	-
G_{th}	Gradient mit Schwellwert	-
$G_{th_{max}}$	maximaler Gradient mit Schwellwert	-
$G_{th_{Ziel}}$	Zielwert des Gradienten mit Schwellwert	-
G_y	Faltung des Bildes mit dem Sobelgradienten in y-Richtung	-
G_z	Faltung des Bildes mit dem Sobelgradienten in z-Richtung	-
G_2	quadrierter Gradient	-
h	Planck'sches Wirkungsquantum	Js
H	Entropie	-
H_b^2	Bayes'sche Entropie	-
H_{DCT}	Entropie im Frequenzraum	-
I	Intensität	W/m^2
I_0	emittierte Intensität der Röntgenröhre	W/m^2
I_a	Röhrenstrom	A
k	Erweiterungsfaktor	-
K	Kurtosis	-
K_{MPE}	Konstante zur Beschreibung des längen-abhängigen Anteils der Längenmessabweichung MPE_E	-
L	Maß	m
m_i	zentrales Moment i-ter Ordnung	-
M	Modulation	-
ML	modifizierter Laplace-Operator	-
μ	linearer Schwächungskoeffizient	$1/m$
n_{edge}	Anzahl Kantenpixel	-
N_d	Anzahl der detektierten Photonen eines Pixels	-
N_p	Anzahl Pixel	-
N_{proj}	Anzahl Einzelprojektionen	-
ν	Frequenz	$1/s$
ν_{max}	Grenzfrequenz	$1/s$
Ω	Frequenzschwelle	-

Formelzeichen	Größe	Einheit
p	Pixelgröße	m
$P(x)$	Häufigkeit von x	-
P_i	Verteilungsfunktion in Frequenzraum	-
P_a	Röhrenleistung	W
R_a	arithmetischer Mittenrauwert	m
R_z	Rautiefe	m
ρ	Dichte	kg/m^3
ρ_p	Korrelationskoeffizient nach Pearson	
R^2_{adj}	korrigiertes Bestimmtheitsmaß	-
R_{rel}	relatives Quantenrauschen	-
s	Weglänge	m
s_i	Ausdehnung der Kante in Gradientenrichtung	-
SML	Sum of Modified Laplacians	-
SML_{gl}	globale Sum of Modified Laplacians	-
SML_l	lokale Sum of Modified Laplacians	-
SNR	Signal-Rausch-Verhältnis	-
S_y	Sobel-Operator in y-Richtung	-
S_z	Sobel-Operator in z-Richtung	-
σ	Standardabweichung	-
σ_{abs}	Absorptionseffizienz	$1/(eV)^2$
σ_b	Bildpunktrauschen	-
σ_h	Standardabweichung des Hintergrundsignals (Hintergrundrauschen)	-
σ_o	Standardabweichung des Objektsignals (Objektrauschen)	-
σ_p	Pixelrauschen	-
t_a	Belichtungszeit	s
t_m	mittlere Temperatur	$°C$
T	Schwellwert	-
τ	Rangkorrelationskoeffizient nach Kendall	
u	Unsicherheit	m
u_b	Unsicherheit der Korrektur der systematischen Abweichung	m
u_{bt}	Unsicherheit des Korrektur der Temperaturausdehnung	m
u_{cal}	Standardunsicherheit des Kalibrierprozesses	m

Formelzeichen	Größe	Einheit
$u_{\Delta c}$	Unsicherheit der Abweichung des kalibrierten Durchmessers des Einmessnormals	m
$u_{\Delta tW}$	Unsicherheit der Längenabweichung für die Temperaturabweichung des Werkstücks	m
$u_{\Delta \alpha W}$	Unsicherheit des Temperaturausdehnungs-koeffizienten des Werkstücks	m
$u_{\Delta \alpha E}$	Unsicherheit des Temperaturausdehnungs-koeffizienten der Einmesskugel	m
$u_{\Delta R_{TE}}$	Unsicherheit der Abweichung des Tasterradius	m
$u_{\Delta X_{TE}}$	Unsicherheit der Abweichung der Mittelpunkt-koordinate des Tasters	m
u_{Iso}	Unsicherheit der Oberflächenbestimmung aufgrund der Voxelgröße im 3D-Volumen	m
$u_{E_{MPE}}$	Unsicherheit aus der Längenmessabweichung des KMG	m
u_p	Standardunsicherheit des Messprozesses	m
u_{sim}	Unsicherheit aus Simulationsläufen	m
u_T	Unsicherheit der Abweichung des Taster-durchmessers	m
u_w	Unsicherheit aufgrund des Produktionsprozesses	m
U	erweiterte Messunsicherheit	m
U_a	Röhrenspannung	V
U_{cal}	erweiterte Messunsicherheit aus dem Kalibrierprozess	m
U_{cal_N}	erweiterte Messunsicherheit des Durchmessers des Einmessnormals	m
V	Verstärkung (Gain)	-
V_g	Vergrößerung	-
V_x	Voxelgröße	m
V_z	Zielfunktion	-
Var	Varianz	-
Var_{gl}	globale Varianz	-
Var_l	lokale Varianz	-
Var_n	normalisierte Varianz	-
W	Bildfenster	-
W_{edge}	durchschnittliche Kantenstärke	-

Formelzeichen	Größe	Einheit
W_p	auf dem Detektor abgebildete Größe pro Pixel	m
x_a	zulässige x-Position des Drehtellers aus der maximalen Vergrößerung des Bauteils auf dem Detektor	m
x_{br}	zulässige x-Position des Drehtellers aus dem Verhältnis zwischen Brennfleck- und Voxelgröße	m
x_{cal}	Kalibrierwert	m
x_i	Schätzwert des Einflussfaktors auf die Messgröße	m
x_{min}	minimale x-Position	m
x_{s1}	zulässige x-Position des Drehtellers aus dem Sicherheitsabstand zur Röntgenröhre	m
x_{s2}	zulässige x-Position des Drehtellers aus dem Sicherheitsabstand zum Detektor	m
x_{Start}	Startposition des Drehtellers in x-Richtung	m
$\bar{x}$	Mittelwert der Schätzwerte des Einflussfaktors	m
X_i	Einflussfaktor auf die Messgröße	m
y	Schätzwert der Messgröße	m
$\bar{y}$	Mittelwert der Schätzwerte der Messgröße	m
Y	Messgröße	m
z_{Start}	Startposition des Drehtellers in z-Richtung	m
Z	Atomzahl	-

1 Einleitung

Mit den wachsenden Anforderungen an die Qualität eines Produkts sowie einer global verteilten Produktion werden die lückenlose Dokumentation und ein hoher Informationsgehalt von Qualitätsdaten in produzierenden Unternehmen immer wichtiger. Daher nimmt auch die Bedeutung der Messtechnik zu, die Informationen zum Zustand eines Produkts liefern kann. Insbesondere die dimensionelle Messtechnik ist dabei eine zentrale Technologie für die Qualitätssicherung in Produktentwicklung und Produktion, wobei zunehmend eine möglichst große Informationsdichte der Messdaten gefordert wird. (Schwenke et al. 2007) (VDI/VDE-Gesellschaft Mess- und Automatisierungstechnik 2011)

Zusätzlich ist eine zunehmende Individualisierung von Produkten zu beobachten. Ermöglicht wird diese Individualisierung unter anderem durch den Einsatz neuer Produktionstechnologien (zum Beispiel additive Fertigungsverfahren). Diese Technologien erlauben darüber hinaus die Herstellung von Komponenten mit verstärkter Funktionsintegration. Solche Bauteile weisen allerdings oft innere Strukturen und verdeckte Merkmale auf, die für konventionelle taktile oder optische Koordinatenmesstechnik nur schwer beziehungsweise nicht mehr erfassbar sind. (Kruth et al. 2011) (Schmitt & Isenberg 2014) (Schwenke et al. 2007) (VDI/VDE-Gesellschaft Mess- und Automatisierungstechnik 2011)

Die computertomographische Koordinatenmesstechnik ist im Gegensatz dazu ein Verfahren, das eine vollständige Datenerfassung äußerer und innerer, taktil nicht zugänglicher Bauteilmerkmale ermöglicht. Darüber hinaus wird die Computertomographie (CT) den Anforderungen nach verstärkter Flexibilität sowie einer hohen Informationsdichte gerecht. Sie kann zur Messung unterschiedlichster Bauteile eingesetzt werden und stellt in relativ kurzer Messzeit ein ganzheitliches, volumetrisches 3D-Modell der gesamten Bauteiloberfläche mit inneren und äußeren Strukturen zur Verfügung. (De Chiffre et al. 2014) (Kruth et al. 2011) (Schmitt & Isenberg 2014) (VDI/VDE-Gesellschaft Mess- und Automatisierungstechnik 2011)

Die Computertomographie hat somit das Potential, taktile und optische Messverfahren zu ergänzen und sogar zu ersetzen. Voraussetzung hierfür ist allerdings, dass die computertomographischen Messung eine mit konventionellen Verfahren vergleichbare Genauigkeit aufweist. (Bartscher, Hilpert & Neuschaefer-Rube 2007)

1.1 Ausgangssituation und Problemstellung

Jedes Messergebnis ist mit einer Messabweichung behaftet, die sich aus zufälligen und systematischen Komponenten zusammensetzt. In Folge der Messabweichung, deren genauer Wert unbekannt ist, ist jedes Messergebnis mit einer Messunsicherheit belegt. Aufgrund dessen muss das Messergebnis als Schätzwert für die Messgröße betrachtet werden (JCGM 100). Messabweichung und Messunsicherheit sind in der computertomographischen Messtechnik allerdings noch deutlich größer als in der taktilen Koordinatenmesstechnik. Dies liegt daran, dass die Computertomographie ein indirektes Messverfahren ist, dessen Messergebnis durch eine Vielzahl von Faktoren beeinflusst wird (DIN EN 16016-3) (VDI/VDE 2630-1.2). Insbesondere die vom Anwender beeinflussbaren Aufnahmeparameter, beispielsweise Bauteilorientierung und -position sowie Röhrenstrom, Röhrenspannung oder Belichtungszeit, haben einen signifikanten Einfluss auf das Messergebnis, die dazugehörige Messunsicherheit sowie die Reproduzierbarkeit der Messung (De Chiffre et al. 2014) (Kruth et al. 2011) (Schmitt & Niggemann 2010b) (Weckenmann & Krämer 2009). Daher ist eine richtige Wahl dieser Parameter von großer Bedeutung für ein aussagekräftiges Messergebnis (Hiller et al. 2011).

In der industriellen Praxis ist die Wahl geeigneter Aufnahmeparameter allerdings vom persönlichen Erfahrungswissen des Anwenders abhängig (VDI/VDE-Gesellschaft Mess- und Automatisierungstechnik 2011). Die betreffende Norm DIN EN 16016-3 listet zwar mögliche Einflussfaktoren auf, gibt aber nur wenig Auskunft über die richtige Wahl der Aufnahmeparameter, die jeweils bauteil- und messaufgabenspezifisch angepasst werden müssen. Die Aufnahmeplanung in der industriellen Computertomographie stellt deshalb trotz zunehmender Praxiserfahrung weiterhin eine große Herausforderung dar. Die Entwicklung von Methoden zur Einstellung bestmöglicher Aufnahmeparameter ist daher ein wichtiger Gegenstand der Forschung.

1.2 Zielsetzung

Ziel der vorliegenden Arbeit ist die Entwicklung einer Methodik zur (teil-)automatisierten Einstellung der Aufnahmeparameter in der industriellen Computertomographie. Die Aufnahmeparameter sollen dabei so eingestellt werden, dass Messabweichung und Messunsicherheit der jeweilige Messung möglichst gering ausfallen. Dies soll bereits vor der eigentlichen Messung, auf Basis von wenigen Einzelprojektionen und deren projektionsbasierten Bildqualitätskenngrößen, geschehen.

Zunächst sollen daher geeignete Qualitätskenngrößen zur Beschreibung von Einzelprojektionen identifiziert werden. Der allgemeine Zusammenhang zwischen Projektionsbildqualität und Messabweichung des zugeordneten rekonstruierten 3D-Volumen soll darauf aufbauend erforscht und in einem experimentellen Modell beschrieben werden. In Bezug auf die zu betrachtende Messabweichung wird der Betrachtungsumfang auf geometrische Qualitätsmerkmale ohne Gestaltabweichungen beschränkt.

Die für die experimentelle Modellbildung notwendigen Versuchsdaten werden im Rahmen systematischer Messungen aufgenommen. Aus dem Modell soll die zu erstrebende Bildqualität der Einzelprojektionen abgeleitet werden, für die eine geringe Messabweichung zu erwarten ist. Auf Basis der Bildqualität kann dann jeweils messaufgabenspezifisch ein bauteil- und geräteabhängiges Set an geeigneten Aufnahmeparametern bestimmt werden. Dazu wird eine Optimierungsmethodik zur projektionsbasierten Einstellung von Aufnahmeparametern entwickelt. Die Methodik soll dann in einer Software abgebildet und an einen Computertomographen angebunden werden. Schließlich soll die Methodik an verschiedenen Messobjekten exemplarisch angewendet werden.

Zusammenfassend soll so die Einstellung von Aufnahmeparametern erleichtert, der Einfluss des Anwenders auf das Messergebnis verringert und die Messunsicherheit bei computertomographischen Messungen reduziert werden.

1.3 Aufbau der Arbeit

Im Anschluss an das einleitende Kapitel 1 werden im folgenden Kapitel 2 zunächst die Grundprinzipien der industriellen Röntgen-Computertomographie erläutert. Des weiteren wird auf den Begriff und die Bedeutung der Messunsicherheit eingegangen. Zusätzlich werden die Bildqualität in der Computertomographie sowie mögliche Kenngrößen zu deren Beschreibung dargestellt. Anschließend legt Kapitel 3 den Stand der Forschung im Bereich der Computertomographie dar. Entsprechend der Zielsetzung dieser Arbeit wird besonderes Augenmerk auf die metrologische Computertomographie, die Bewertung der Bildqualität sowie der Aufnahmeplanung in der Computertomographie gelegt. Nach der Zusammenfassung des Stands der Forschung mit der Ableitung des Forschungsdefizits wird in Kapitel 4 der Lösungsansatz dieser Arbeit vorgestellt und detailliert beschrieben. In Kapitel 5 erfolgt die Implementierung in ein mit dem Computertomographen kommunizierendes Softwaretool sowie die Anwendung der entwickelten Optimierungsmethodik bei computertomographischen Messungen an unterschiedlichen Messobjekten. Kapitel 6 beinhaltet eine kritische Bewertung des eigenen Ansatzes sowie einen Ausblick auf weiterführende Forschungsarbeiten.

Abschließend werden in Kapitel 7 die wesentlichen Punkte der wissenschaftlichen Arbeit zusammengefasst. Detaillierte Ergebnisse sind im Anhang der Arbeit zu finden. In Abbildung 1.1 ist der Aufbau der Arbeit dargestellt.

Die Forschungsarbeiten wurden von der Deutschen Forschungsgemeinschaft (DFG) durch das Projekt „Optimierung von Aufnahmeparametern mittels projektionsbasierter Qualitätskenngrößen in der industriellen Computertomographie (DFG LA 2351/37-1)" gefördert.

1 Einleitung
- 1.1 Ausgangssituation und Problemstellung
- 1.2 Zielsetzung
- 1.3 Aufbau der Arbeit

2 Grundlagen
- 2.1 Röntgen-Computertomographie in der industriellen Messtechnik
- 2.2 Messunsicherheit
- 2.3 Bewertung der Computertomographie anhand der Bildqualität

3 Stand der Forschung
- 3.1 Röntgen-Computertomographie in der Messtechnik
- 3.2 Bildqualität in der computertomographischen Messtechnik
- 3.3 Optimierung von Aufnahmeparametern
- 3.4 Forschungsdefizit

4 Methodik zur projektionsbasierten Einstellung von Aufnahmeparametern
- 4.1 Entwicklung von Messobjekten
- 4.2 Auswahl von Bildqualitätskenngrößen
- 4.3 Modellbildung
- 4.4 Einstellung von Aufnahmeparametern mittels Optimierungsalgorithmus

5 Implementierung und exemplarische Anwendung
- 5.1 Prototypische Implementierung in einem Softwaretool
- 5.2 Messungen mittels automatisierter Parametereinstellung

6 Diskussion und Ausblick

7 Zusammenfassung

Abbildung 1.1: Aufbau der Arbeit

2 Grundlagen

Die im Folgenden dargestellten Grundlagen sollen das Verständnis der Arbeit erleichtern und die hierfür maßgeblichen Begriffe erklären. Zunächst werden die Grundprinzipien der industriellen Röntgen-Computertomographie erläutert (Kapitel 2.1), die Messunsicherheit beschrieben (Kapitel 2.2) und schließlich Begriffe zur Beschreibung der Bildqualität eingeführt (Kapitel 2.3).

2.1 Röntgen-Computertomographie in der industriellen Messtechnik

Die Röntgen-Computertomographie ist ein bildgebendes Verfahren, das dreidimensionale digitale Informationen über das Messobjekt einschließlich seiner inneren Strukturen zur Verfügung stellt (Christoph & Neumann 2012) (Kalender 2011). Hierzu werden im Computertomographen radiographische Aufnahmen des Messobjekts, sogenannte Projektionen, aus unterschiedlichen Winkelstellungen erzeugt. In der industriellen Praxis werden meist Computertomographen mit Kegelstrahl und Flächendetektor eingesetzt, die das Messobjekt komplett durchstrahlen und abbilden können (Christoph & Neumann 2012). Im Unterschied zu medizinischen Systemen sind Röntgenquelle und Detektor fest montiert, während das Messobjekt auf einem Drehteller um 360° rotiert (Abbildung 2.1). Die von der Röntgenquelle emittierte Röntgenstrahlung trifft nach Schwächung durch das Messobjekt auf dem Detektor auf, wodurch je Winkelstellung eine Röntgenprojektion aufgenommen wird. (Kruth et al. 2011)

Durch eine mathematische Rekonstruktion der so gewonnenen Informationen kann daraufhin eine dreidimensionales Volumenmodell des Messobjekts erzeugt und messtechnisch verarbeitet werden (Kalender 2011). Die hierfür notwendigen Schritte werden im Folgenden erläutert.

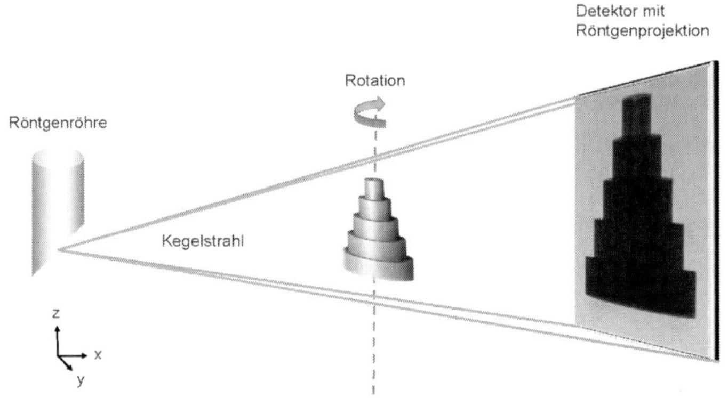

Abbildung 2.1: Funktionsweise eines Röntgen-Computertomographen mit Kegelstrahl

2.1.1 Aufbau der Röntgenröhre

Röntgenstrahlen sind elektromagnetische Wellen in einem Frequenzbereich von mehreren keV bis MeV. Es werden dabei niederenergetische (weiche) Röntgenstrahlen (bis ca. 100 keV) und hochenergetische (harte) Röntgenstrahlen (bis 1 MeV) unterschieden (Schröder & Schröder 2004). Mit h als Planck'schem Wirkungsquantum ist die Photonenenergie E proportional zur Frequenz ν (Prince & Links 2006):

$$E = h\nu \tag{2.1}$$

In der Computertomographie erfolgt die Strahlerzeugung in einer Vakuum-Röntgenröhre (Abbildung 2.2). Diese kann eine geschlossene oder offene Bauform haben. Die Kathode besteht aus einer metallischen Glühwendel (Filament), die bei Erhitzung Elektronen durch Glühemission abgibt. Die emittierten Elektronen werden aufgrund einer anliegenden Röhrenspannung (Potential) U_a zwischen Kathode und Anode (Target) beschleunigt. Dabei werden die Elektronen von der positiv geladenen Anode angezogen und nehmen beim Durchqueren des Potentialfelds an kinetischer Energie zu. Je nach Anodenform unterscheidet man zwischen Reflexions- und Transmissionstarget. In der industriellen Computertomographie werden überwiegend Reflexionstargets verwendet, die die Röntgenstrahlung um 90° versetzt zu den auftreffenden Elektronen emittieren (Abbildung 2.2). Im Gegensatz dazu dient bei einem Transmissionstarget das Target selbst gleichzeitig als Austrittsfenster für die Strahlung. (Buzug 2008) (Christoph & Neumann 2012) (Schröder & Schröder 2004)

Durch die Bündelung des Elektronenstrahls durch eine Steuerelektrode (Wehnelt-Zylinder) treffen die Elektronen fokussiert auf einen kleinen Bereich der Anode auf. Dieser Bereich wird als elektronischer oder thermischer Brennfleck bezeichnet (Abbildung 2.2). Die Anzahl der eintreffenden Elektronen kann durch den Röhrenstrom I_a gesteuert werden und bestimmt die Anzahl der erzeugten Röntgenphotonen. (Buzug 2008) (Schlungbaum et al. 1994) (Schröder & Schröder 2004)

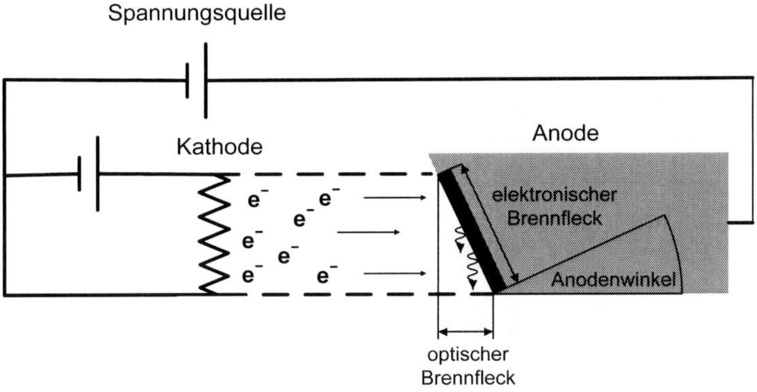

Abbildung 2.2: Schematische Darstellung der Strahlerzeugung in der Röntgenröhre mit Reflexionstarget nach Buzug (2008) und Dössel (1999)

Bei Auftreffen der Elektronen auf dem elektrischen Brennfleck des Targets geben diese ihre Energie vorrangig durch Kollision mit den Elektronen des Anodenmaterials an diese ab. Die so entstandenen Sekundärelektronen emittieren wiederum Infrarotstrahlung. Dadurch wird der Großteil der Bewegungsenergie der Elektronen in Wärmeenergie umgewandelt. Nur circa ein Prozent der Energie wird in Form von Röntgenstrahlung frei. Mit höherer Atomzahl Z der Anode steigt der Wirkungsgrad der Röntgenemission. Es werden daher meist Wolfram oder dessen Legierungen als Anodenmaterial eingesetzt. (Buzug 2008) (Prince & Links 2006) (Schlungbaum et al. 1994) (Schröder & Schröder 2004)

Um einen zu großen Wärmeeintrag in das Anodenmaterial zu vermeiden, muss der Elektronenstrahl abhängig von der Röhrenleistung $P_a = U_a I_a$ defokussiert werden. Die Größe des elektrischen Brennflecks ist daher abhängig von der Röhrenleistung (Hiller 2011). Die Fläche, aus der Röntgenstrahlung emittiert wird, wird optischer Brennfleck (Fokus) genannt (Abbildung 2.2). Der optische Brennfleck ist aufgrund des Anodenwinkels kleiner als der elektrische Brennfleck. In der industriellen Computertomographie werden meist Anodenwinkel um 20° gewählt. Der Vorteil ist, dass so ein größerer elektronischer Brennfleck gewählt werden kann, um den Wärmeeintrag besser zu verteilen, ohne den optischen Brennfleck zu stark zu vergrößern. Dadurch kann eine höhere Röhrenleistung erreicht werden.

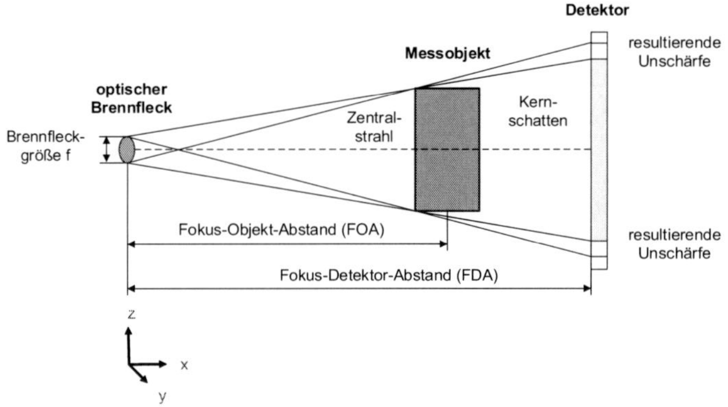

Abbildung 2.3: Abbildungsverhalten bei der Röntgenprojektion nach Kamm (1998)

Der optische Brennfleck ist für das Abbildungsverhalten und Auflösung des Computertomographen von Bedeutung. Je kleiner der optische Brennfleck, desto schärfer das Bild. Je nach Brennfleckgröße werden daher in der industriellen Computertomographie Röntgenröhren mit Standard- (> 100 µm), Mikro- (1-100 µm) und Nanofokus (< 1 µm) unterschieden. (Buzug 2008) (De Chiffre et al. 2014)) (Halmshaw 1995)

Die räumliche Ausdehnung des Brennflecks führt zur Halbschattenbildung (Abbildung 2.3) und ist somit Ursache der geometrischen Unschärfe $Blur_{geo}$ an den Rändern des abgebildeten Objekts (Schlungbaum et al. 1994). Diese lässt sich nach Kamm (1998) und Schlungbaum et al. (1994) wie folgt berechnen:

$$Blur_{geo} = \frac{f \cdot (FDA - FOA)}{FOA} \tag{2.2}$$

wobei f die Brennfleckgröße, FDA den Fokus-Detektor-Abstand und FOA den Fokus-Objekt-Abstand gemäß Abbildung 2.3 angibt. Der Fokus-Objekt-Abstand wird bis zur Drehachse des Drehtellers gemessen (üblicherweise in der Mitte des Objekts). Beim Kegelstrahl erfolgt die Strahlausbreitung divergent im Raum. Dabei nimmt die Anzahl der eintreffenden Röntgenphotonen mit zunehmenden Abstand zum Zentralstrahl ab. Die Dichte des Photonenflusses ist daher umgekehrt proportional zum Fokus-Detektor-Abstand. (Kamm 1998)

Es gilt, dass das Verhältnis der geometrischen Unschärfe zur projizierten Pixelgröße am Detektor im Idealfall den Wert 0,5 nicht übersteigen sollte (Kamm 1998). In der industriellen Anwendung wird allerdings in der Regel ein Verhältnis von 1:1 als angemessen angesehen (Carl Zeiss AG 2012).

Die Vergrößerung des Messobjekts V_g bei der Röntgenprojektion kann mittels des geometrischen Abbildungsgesetzes beschrieben werden:

$$V_g = \frac{FDA}{FOA} \tag{2.3}$$

Eine hohe Vergrößerung erhöht die Auflösung des Messobjekts und ist daher vorteilhaft. (Kamm 1998)

Der Brennfleck kann sich im Laufe einer Messung bewegen, beispielsweise durch thermische Einflüsse innerhalb der Röntgenröhre oder Ermüdung, die einen Verzug des Kathodenfilaments zur Folge haben kann (Brennfleckdrift). Dadurch wird die Auflösung des Computertomographen begrenzt. (Hiller 2011)

Außerdem führt die Brennfleckbewegung zu Vergrößerungsfehlern in der Abbildung, da sich der Fokus-Detektor-Abstand kontinuierlich ändert. Eine Kompensation kann während des Scans durchgeführt werden (Weiss, Deffner & Kuhn 2010). Dazu wird ein Kalibrierobjekt bekannter Größe und Position im Strahlengang positioniert, anhand dessen der Vergrößerungsfehler bestimmt und herausgerechnet werden kann.

2.1.2 Erzeugung von Röntgenstrahlung

Die Emission der Röntgenstrahlung am Brennfleck geschieht durch zwei Mechanismen: Bremsstrahlung und charakteristische Strahlung.

Bremsstrahlung entsteht bei der Interaktion des Elektrons mit dem Atomkern. Das Coulomb'sche elektrostatische Feld des Atoms zieht das Elektron an, das dadurch gebeugt und abgebremst wird. Dadurch verringert sich die kinetische Energie des Elektrons, die dann in Form von elektromagnetischer Strahlung abgegeben wird. Die Energie der Bremsstrahlung ist deshalb immer abhängig von der Energie des eintreffenden Elektrons, der Atomzahl Z des Anodenmaterials sowie der Eindringtiefe des Elektrons in das Anodenmaterial. Dadurch entsteht ein kontinuierliches Röntgenspektrum (Abbildung 2.4). (Schlungbaum et al. 1994)

In seltenen Fällen kollidiert das Elektron direkt mit dem Atomkern, wobei es seine gesamte kinetische Energie abgibt und ein Photon derselben (Grenz-)Energie E_{max} emittiert. Diese Grenzenergie kann durch das Duane-Hunt'sche Gesetz mit h als Planck'schem Wirkungsquantum und e als Elementarladung beschrieben werden. Die Grenzfrequenz ν_{max} ist dabei direkt abhängig von der an der Röhre eingestellten Röhrenspannung U_a:

$$E_{max} = h\nu_{max} = \frac{eU_a}{h} \tag{2.4}$$

Die emittierte Bremsstrahlung, die den Großteil der Röntgenstrahlung ausmacht, liegt daher immer energetisch unter dieser Grenzenergie. Durch eine Erhöhung der Röhrenspannung U_a kann also ein härteres Spektrum, das heißt höherenergetische Röntgenstrahlung, erzeugt werden. (Buzug 2008) (Haken & Wolf 2004) (Schlungbaum et al. 1994)

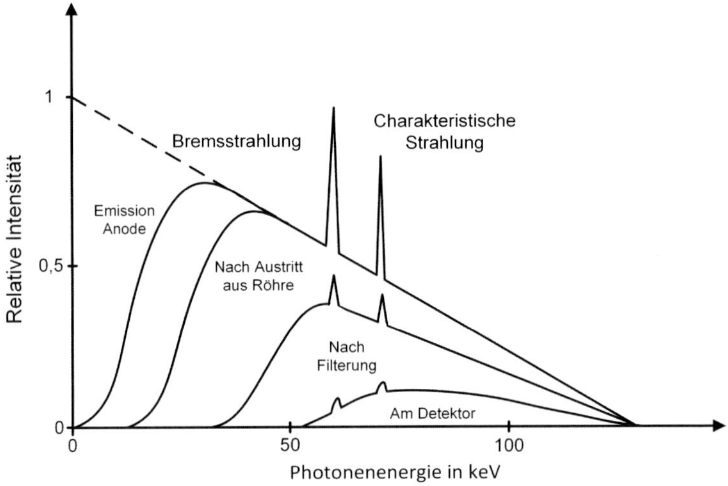

Abbildung 2.4: Schematische Darstellung des Röntgenspektrums nach Prince & Links (2006)

Die sogenannte charakteristische Strahlung entsteht, wenn das eintreffende Elektron mit einem Elektron eines inneren Orbitals kollidiert und dieses aus dem Orbital wirft. Das Atom wird dadurch ionisiert. Das entstandene Loch wird dann mit einem Elektron aus einem äußeren Orbital gefüllt, das daraufhin einen Teil seiner Energie in Form eines Röntgenphotons abgibt. Die Photonenenergie ist daher gleich der Differenz der Bindungsenergien der beiden Orbitale. Dadurch entsteht eine große Anzahl an Photonen mit materialspezifischen, diskreten Energien. Im Spektrum sind daher für das Anodenmaterial charakteristische Peaks zu erkennen (Abbildung 2.4). Seltener tritt bei der Absorption des Elektrons auch der sogenannte Auger-Effekt auf. Dabei kommt es statt zur Emission eines Röntgenphotons zur strahlungslosen Emission eines Elektrons (Auger-Elektron) aus einem weiter außen liegendem Orbital. Die Wahrscheinlichkeit dieses Prozesses nimmt mit steigender Atomzahl Z ab. (Buzug 2008) (Haken & Wolf 2004) (Krieger 2012) (Prince & Links 2006)

Niederenergetische Photonen werden direkt in der Anode wieder absorbiert und verlassen die Röntgenröhre nicht, so dass das Röntgenspektrum eine untere Grenzwellenlänge aufweist (Abbildung 2.4). Diese Selbstabsorption tritt aufgrund der Oberflächenrauheit der Anode auf. Sie ist abhängig vom Anodenwinkel sowie vom relativen Austrittswinkel der Röntgenstrahlung aus der Anode, da diese die Eindringtiefe der Photonen beeinflussen (Heel-Effekt). Je kleiner der Anodenwinkel, desto mehr Photonen werden absorbiert, was wiederum zu einer höheren Wärmeentwicklung führt. Der Heel-Effekt verstärkt sich mit dem Alter der Anode, da die Oberflächenrauheit aufgrund von Erosion durch den Elektronenbeschuss zunimmt. Er kann die Qualität von Röntgenprojektionen aufgrund der unterschiedlichen räumlichen Intensitätsverteilung beeinflussen. Dies kommt aber nur bei sehr kleinen Messobjekten zum Tragen und kann daher in der Regel vernachlässigt werden. (Buzug 2008) (DIN EN 12543-1) (Halmshaw 1995) (Hiller 2011) (Prince & Links 2006)

Beim Austritt der Röntgenstrahlung aus der Röntgenröhre passieren die Photonen zunächst ein Austrittsfenster, meist aus Beryllium. Dadurch kommt es zu einer weiteren Absorption vorrangig niederenergetischer Photonen. Dieser Effekt kann verstärkt werden, indem ein Metallfilter (beispielsweise aus Aluminium oder Kupfer) vor dem Austrittsfenster angebracht wird. Dadurch steht nach dem Austritt der Röntgenstrahlung ein homogeneres und härteres Spektrum mit einer allerdings geringeren Intensität zur Verfügung (Abbildung 2.4). (Buzug 2008) (Schröder & Schröder 2004)

2.1.3 Wechselwirkung der Röntgenstrahlung mit Materie

Trifft nun die emittierte Röntgenstrahlung auf Materie, beispielsweise auf das zu messende Objekt, wird diese geschwächt. Dies geschieht vorrangig durch den sogenannten Photoeffekt. Dieser ist der dominierende Effekt bei niederenergetischer Röntgenstrahlung (bis etwa 200 keV), wie sie auch in der industriellen Computertomographie eingesetzt wird. Trifft ein Photon auf ein Elektron aus einem inneren Orbital eines Atoms, so wird die Energie des Photons komplett auf das Elektron übertragen. Die Differenz zwischen der Photonenenergie und der Bindungsenergie des Elektrons wird dadurch in kinetische Energie des Elektrons umgewandelt, wodurch dieses als freies Elektron aus dem Hüllorbital geschleudert wird. Dadurch wird das Atom ionisiert. Füllt ein äußeres Elektron das entstandene Elektronenloch des inneren Orbitals wieder auf, wird - wie im Anodenmaterial - Röntgenstrahlung in Form von charakteristischer Strahlung emittiert oder es entstehen wiederum Auger-Elektronen (vgl. Kapitel 2.1.2). (Buzug 2008) (Krieger 2012) (Schlungbaum et al. 1994)

Fallen die freien Elektronen wieder auf ihr Orbital zurück, emittieren diese Streustrahlung, die die gleiche Energie wie die anregende Röntgenstrahlung aufweist. (Schröder & Schröder

2004) (Krieger 2012)

Die Absorptionseffizienz in Materie σ_{abs} kann dabei mit der Atomzahl Z und der Photonenenergie E durch

$$\sigma_{abs} \approx \frac{Z^5}{E^2} \tag{2.5}$$

angenähert werden. Niedrige Photonenenergien E werden also deutlich stärker absorbiert. (Guy & Ffytche 2005)

Photonen höherer Energien geben nur einen Teil ihrer Energie ab, wenn das Atom ionisiert wird, beispielsweise bei Kollision mit einem niederenergetischen Elektrons eines Valenzorbitals (Buzug 2008). Die Restenergie wird als niederenergetisches Photon emittiert (Compton-Streuung). Die Richtung der Compton-Streuung ist dabei energieabhängig: Je höher die Energie, desto näher ist die Richtung des gestreuten Photons an der Richtung des Primärstrahls. Bei mittelharten Röntgenstrahlung (materialabhängig ab ca. 100 keV) hat die Compton-Streuung einen nicht zu vernachlässigenden Effekt auf die resultierende Abbildungsqualität. (Buzug 2008) (Schlungbaum et al. 1994) (Schröder & Schröder 2004)

Regt das einfallende Photon alle Elektronen des betroffenen Atoms zu erzwungenen Schwingungen an, tritt Rayleigh-Streuung auf. Es entsteht Streustrahlung mit gleicher Energie und somit Frequenz des einfallenden Photons, die aber aus der ursprünglichen Richtung des Photons abgelenkt ist. Rayleigh-Streuung spielt in der industriellen Computertomographie eine eher untergeordnete Rolle. (Buzug 2008) (Haken & Wolf 2004) (Schlungbaum et al. 1994)

Bei sehr hohen Energien (ab 1,022 MeV) kommt der Paarbildungseffekt zum Tragen, eine Wechselwirkung des Photons mit dem Coulomb-Feld des Atomkerns. Dabei entsteht ein Elektron-Positron-Paar. In seltenen Fällen werden Photonen vom Atomkern absorbiert und es wird ein Nukleon emittiert. Dieser Vorgang wird als Kernphotoreaktion bezeichnet. Oftmals wird ebenfalls Gamma-Strahlung frei. Diese Effekte treten bei der industriellen Computertomographie aufgrund der geringeren Strahlungsenergien nicht auf. (Buzug 2008) (Krieger 2012) (Schröder & Schröder 2004)

2.1.4 Schwächungsgesetz

Die vorgestellten Mechanismen von Absorption und Streuung summieren sich zur Schwächung der Röntgenstrahlung beim Durchstrahlen von Materie, die durch den linearen Schwächungskoeffizienten μ ausgedrückt werden kann. Der lineare Schwächungskoeffizient ist dabei abhängig von der Dichte ρ und der Atomzahl Z des durchstrahlten Materials sowie der Photonenenergie (vgl. Gleichung (2.5)). (Buzug 2008)

Nach dem Lambert-Beer'schen Gesetz ergibt sich bei monochromatischer Strahlung mit Photonenenergie E für die detektierte Intensität I:

$$I(E,x) = I_0(E)e^{-\int_0^s \mu(E,x)dx} \tag{2.6}$$

mit I_0 als emittierte Intensität der Röntgenröhre und s als die durchstrahlte Weglänge entlang des Strahlengangs. (Krieger 2012) (Schröder & Schröder 2004)

In der Realität tritt aber polychromatische Strahlung auf (vgl. Abbildung 2.4). Daher muss Gleichung (2.6) über alle Photonenenergien E integriert werden (Buzug 2008) (Prince & Links 2006):

$$I(x) = \int_0^{E_{max}} I_0(E)e^{-\int_0^s \mu(E,x)dx} dE \tag{2.7}$$

Bei Verwendung der physikalisch korrekten Gleichung (2.7) wäre allerdings aufgrund der unterschiedlichen Strahlungsenergien des Spektrums eine mathematische Rekonstruktion der Einzelprojektionen zum 3D-Volumen nicht möglich. Daher wird Gleichung (2.6) für monochromatische Strahlung verwendet, wobei als Photonenenergie eine effektive Energie $\bar{E}$ des emittierten Spektrums angenommen wird. (Prince & Links 2006)

Aufgrund der Tatsache, dass die Absorption der Röntgenstrahlung in einem Medium wesentlich von der Energie der Strahlung abhängt (vgl. Gleichung (2.5)), kommt es zur sogenannten Strahlaufhärtung. Niederenergetische Strahlung wird stärker absorbiert als hochenergetische Strahlung. Dadurch wird das am Detektor auftreffende Röntgenspektrum hin zu höheren Frequenzen verschoben (vgl. Abbildung 2.4). Dies ist insbesondere bei der Aufnahme von Röntgenbildern von hochabsorbierenden Materialien, beispielsweise Metallen, der Fall. In der Rekonstruktion mit effektiver Energie $\bar{E}$ wird dieser Zusammenhang aber nicht berücksichtigt und es kann zu Strahlaufhärtungsartefakten im rekonstruierten Volumen kommen. Um diese Artefakte zu verringern, kann das emittierte Spektrum allerdings durch den Einsatz der bereits erwähnten metallischen Austrittsfilter gezielt zu einem härteren Spektrum mit bekannter effektiver Energie verschoben werden. (Buzug 2008)

Die Schwächung der ursprünglichen Strahlung durch Streuung ist dabei im linearen Schwächungskoeffizienten μ berücksichtigt. Trifft die Streustrahlung dennoch am Detektor (z. B. an anderer Stelle) auf, sind Gleichungen (2.6) und (2.7) nicht mehr exakt zutreffend. Dadurch kann es in der Rekonstruktion zusätzlich zu Streustrahlungsartefakten kommen. (Buzug 2008)

2.1.5 Detektion von Röntgenstrahlung

In der industriellen Computertomographie erfolgt meist eine indirekte Detektion der Röntgenstrahlung mittels eines Festkörper-Flächendetektors aus amorphem Silizium. Dem Detektor ist eine dünne Szintillatorschicht aus Kristall, beispielsweise aus Cäsium-Jodid (CsI), oder dotiertem Gadoliniumoxisulfid (Gd_2O_2S:Tb), vorgeschaltet. Beim Eintreffen der Röntgenphotonen auf dem Szintillatorkristall werden Elektronen im Kristall angeregt. Diese geben ihre Energie in einem spontanen Prozess als Lichtphotonen ab, die in den nachgeschalteten Photodioden ein elektrisches Signal erzeugen. (Buzug 2008) (Hiller 2011) (Prince & Links 2006)

Die Photodioden sind als Matrix einzelner Detektorelemente (Pixel) aufgebaut. In jedem Pixel wird die Intensität der auf dem Element auftreffenden optischen Photonen über die Elementfläche aufsummiert und das Intensitätssignal somit räumlich diskretisiert. Dadurch können Strukturen, deren Abbildung auf dem Detektor kleiner als die Pixelgröße ist, nicht aufgelöst werden. Zusätzlich verringert die Streuung der optischen Photonen im Szintillator ebenfalls die Detektorauflösung. Der Detektor wirkt also als Tiefpassfilter räumlicher Frequenzen und bestimmt damit die maximal mögliche Auflösung der Röntgen-Projektion. (Guy & Ffytche 2005) (Hiller 2011) (Kamm 1998)

Abhängig von der Strahlungsintensität kann nun jedem Pixel ein elektrisches Signal zugeordnet werden. Dieses wird in einem Grauwert ausgedrückt und als Bildinformation dargestellt. Der Grauwert g kann gemäß Gleichung (2.6) als Linienintegral des Schwächungskoeffizienten μ bei der effektiven Energie $\bar{E}$ des Spektrums wie folgt beschrieben werden:

$$g = \int_0^s \mu(\bar{E}, x)dx \tag{2.8}$$

Ein hoher Grauwert kann beispielsweise einer hohen Dichte, einer großen Durchstrahlungslänge oder aber einer großen Atomzahl des durchstrahlten Mediums entsprechen. (Buzug 2008)

Neben der eigentlichen Schwächung können verschiedene weitere Effekte den Grauwert der Pixel beeinflussen (vgl. auch Kapitel 2.3.3). Dazu zählt das Offsetsignal der Detektorelektronik, das durch thermische Effekte im Detektor verursacht wird (Dunkelstrom). Das Offsetsignal wird von einem Rauschbeitrag begleitet, der die statistischen Schwankungen der

Dunkelstromelektronen abbildet. Zur Korrektur erfolgt eine Aufnahme von mehreren Dunkelbildern vor jeder Messung. Die Bilder werden zur Reduktion des Rauschens gemittelt und das gemittelte Dunkelbild vom gemessenen Intensitätsbild subtrahiert. Zusätzlich wird eine Hellbildkorrektur durchgeführt. Dadurch werden im Wesentlichen drei Effekte korrigiert: Aufgrund der Kegelstrahlgeometrie treffen in den Randbereichen des Detektors weniger Strahlen auf als in der Detektormitte. Dadurch kommt es zu einer inhomogenen Intensitätsverteilung auf dem Detektor. Zusätzlich können in der Rekonstruktion Ringartefakte aufgrund nichtlinearer Pixelantworten auftreten. Diese treten vor allem nahe der Drehachse auf, da dort in der Rekonstruktion weniger Pixel Beiträge zum Grauwert liefern und einzelne Unterschiede in der Sensitivität der Pixel stärker ins Gewicht fallen. Durch die Hellbildkorrektur können diese Effekte reduziert werden. Dazu werden mehrere Hellbilder mit unterschiedlichen Intensitäten aufgenommen und so die Nichtlinearität der Detektorantwort (Multi-Gain-Korrektur) sowie die lokalen Inhomogenitäten korrigiert. Auch defekte Pixel können fehlerhafte Signale erzeugen. Um das Detektorfeld zu homogenisieren, werden daher abweichende Intensitätswerte einzelner Pixel erkannt und die defekten Pixel aus den Intensitätswerten der Umgebungspixel interpoliert (Bad-Pixel-Korrektur). Dadurch können die Störeinflüsse des Detektors auf ein Minimum reduziert werden.

2.1.6 Rekonstruktion

Um eine dreidimensionale Repräsentation des Messobjekts zu erzeugen, müssen mehrere Einzelprojektionen aus verschiedenen Winkelstellungen erfasst werden. Die Anzahl der Einzelprojektionen muss dabei so gewählt werden, dass die Abtastbedingung nach Nyquist erfüllt ist. Als Näherungsregel berechnet sich nach Hiller (2011) die minimale Anzahl an Einzelprojektionen N_{proj} aus der Anzahl der Pixel in horizontaler Richtung (y-Richtung) N_p mit

$$N_{proj} \approx N_p \tag{2.9}$$

Aus den aufgenommenen Einzelprojektionen kann nun ein Volumenmodell berechnet werden, das für jede diskrete Position (*x, y, z*) des ausgewählten Volumens im Strahlengang einen dazugehörigen Schwächungskoeffizienten μ ausgibt und als Grauwert visualisiert. Allerdings liegt die Information über den Schwächungskoeffizienten in den Einzelprojektionen für jedes Pixel nur als Linienintegral über die Intensität (vgl. Gleichung (2.8)) vor. Die räumliche Berechnung des Schwächungskoeffizienten ist daher mathematisch ein inverses Problem, zu dessen Lösung sich die Rekonstruktion unter Kenntnis der Aufnahmegeometrie der sogenannten gefilterten Rückprojektion bedient. (Buzug 2008) (Hiller 2011)

Diese basiert auf der inversen Radon-Transformation und ermöglicht es, die räumliche Verteilung des Schwächungskoeffizienten μ numerisch im ausgewählten Volumen zu berechnen. Aufgrund der Abhängigkeit des Schwächungskoeffizienten von der Photonenenergie E (Gleichung (2.7)), die in der Rekonstruktion nicht berücksichtigt wird, kann es dadurch zu Artefakten kommen. Zudem ist für eine korrekte Rekonstruktion die sogenannte Tuy-Smith Vollständigkeitsbedingung nach Tuy (1983) zu erfüllen. Diese besagt, dass ein komplettes Set an Linienintegralen vorliegen muss. Dies ist nur der Fall, wenn alle Flächen, die das Objekt schneiden, die relative Kreisbahn des Objekts im Bezug zum Brennfleck wenigstens einmal schneiden. Daher ist diese Bedingung nur für die Zentralstrahlebene erfüllt, die in einer Ebene mit der Röntgenquelle liegt. Bei der in der industriellen Computertomographie üblichen Kegelstrahlröhre liegt die Projektionslinie der sonstigen Pixel allerdings nicht in der horizontalen Zentralebene (vgl. Abbildung 2.3). Eine approximative Lösung hierfür ist der sogenannte Feldkamp-Davis-Kress-Algorithmus (FDK-Algorithmus) nach Feldkamp, Davis & Kress (1984). Dieser hat sich für kleine Öffnungswinkel des Kegelstrahls als stabil und als ausreichend genau erwiesen, so dass er in der industriellen Computertomographie eingesetzt wird. Eine ausführliche Beschreibung des FDK-Algorithmus ist in Buzug (2008) zu finden. (Buzug 2008) (Hiller 2011)

In der Rekonstruktion kommen Bildfilter zum Einsatz, da durch die Rückprojektion Kanten nicht scharf abgebildet werden. Ein zu starker Bildfilter führt aber wiederum zu einer Verstärkung von hochfrequenten Rauschanteilen. Als Kompromiss zwischen Kantenschärfe und Rauschglättung hat sich daher in der industriellen Computertomographie der approximative Shepp-Logan-Filter nach Shepp & Logan (1974) durchgesetzt. (Buzug 2008) (Prince & Links 2006).

Als Ergebnis liegt ein diskreter Voxeldatensatz des rekonstruierten Volumens vor, wobei ein Voxel eine dreidimensionale, kubische Repräsentation eines Datenpunkts in einer Rastergrafik darstellt. Jedem Voxel wird auf Basis des berechneten Schwächungskoeffizienten ein Grauwert zugewiesen. (Buzug 2008) (Hiller 2011) (Kruth et al. 2011)

Die Voxelgröße V_x berechnet sich aus Pixelgröße p und Vergrößerung V_g:

$$V_x = \frac{p}{V_g} \tag{2.10}$$

Wie bereits in Kapitel 2.1.4 erwähnt, können in dem Rekonstruktionsvolumen Artefakte auftreten. Diese sind künstlich erzeugte Strukturen, zum Beispiel helle Streifen oder Kontrastüberhöhungen, und entsprechen keinen realen Merkmalen des Messobjekts. Artefakte können unterschiedliche Ursachen haben, beispielsweise die oben beschriebenen Näherungen im Rekonstruktionsalgorithmus. Aufgrund fehlender Objektinformationen durch die Kegelstrahlgeometrie kann es zu Feldkamp-Artefakten kommen, aufgrund derer senkrecht zur Drehachse stehende Oberflächen nicht korrekt abgebildet werden (Abbildung 2.5(a)). Außerdem können Streustrahlungsartefakte und Strahlaufhärtungsartefakte (Abbildung 2.5(b)) entstehen. (Hiller 2011)

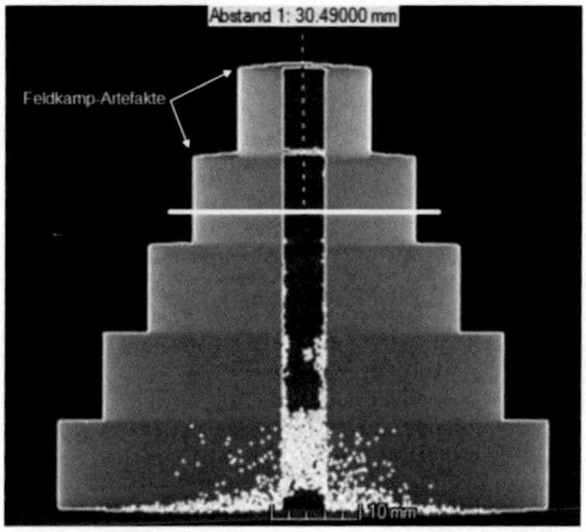

(a) Rekonstruktion eines Aluminium-Stufenzylinders

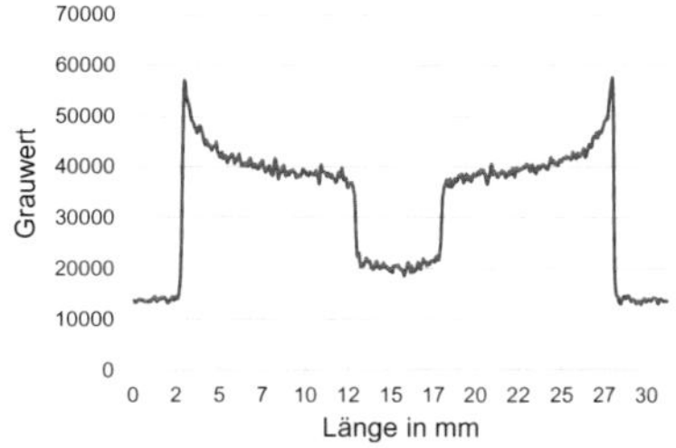

(b) zugehörige Grauwertverteilung entlang der Schnittlinie

Abbildung 2.5: (a) Schnittbild durch die Rekonstruktion eines Aluminium-Stufenzylinders mit Feldkamp-Artefakten an den horizontalen Flächen (b) zugehörige Grauwertverteilung entlang der markierten Schnittlinie im Material. Zu sehen ist der deutliche Abfall des Grauwerts hin zur Objektmitte aufgrund von Strahlaufhärtung.

Darüber hinaus können Artefakte durch das Gerät an sich hervorgerufen werden. Hierzu zählen beispielsweise eine fehlerhafte oder unvollständige Detektorkalibrierung, die unter anderem zu Ringartefakten oder Bad-Pixel-Artefakten führen kann. Eine unzureichende Kompensation der Achsfehler kann zu einem Doppelrand beziehungsweise einer Unschärfe in der Abbildung führen. (Hiller 2011)

Weitere Artefakte können durch eine ungünstige Wahl der Aufnahmeparameter erzeugt werden: Wird die Abtastbedingung nach Gleichung (2.9) nicht eingehalten, entstehen Aliasing-Artefakte, die sich in Streifen im rekonstruierten Volumen bemerkbar machen. Bei einer unzureichenden Fixierung des Messobjekts auf dem Drehteller kann es zu Bewegungsartefakten kommen. Ist die Position beziehungsweise Vergrößerung des Objekts falsch gewählt, kann es zu einer unvollständigen Abbildung des Objekts auf dem Detektor und damit zu einem Beschnitt im 3D-Volumen kommen. Außerdem führt die Wahl eines zu großen Brennflecks zu zusätzlicher Unschärfe auf dem Detektorbild, die sich in die Rekonstruktion fortpflanzt.

2.1.7 Oberflächenbestimmung und Koordinatenmessung

Die Voxeldaten des rekonstruierten 3D-Volumens müssen nun dem Messobjekt beziehungsweise Hintergrund zugeordnet werden. Dies geschieht durch eine Oberflächenbestimmung, bei der dem Messobjekt eine Oberfläche (Isofläche) zugeordnet wird, die es vom Hintergrund oder einem zweiten Material innerhalb des Voxelvolumens trennt und damit eine anschließende Koordinatenmessung ermöglicht.

Üblicherweise wird in der industriellen Computertomographie ein Schwellwert auf Basis eines bestimmten Grauwerts gewählt, der den Übergang zwischen zwei Materialien markiert. Alle Voxel mit einem Grauwert oberhalb des Schwellwerts werden dem Material des Messobjekts zugeordnet. Gängig ist hier die Anwendung des globalen ISO50%-Verfahrens, das den Schwellwert histogrammbasiert genau auf die Mitte zwischen dem mittleren Grauwert des Hintergrunds und den mittleren Grauwert des Objekts legt (Abbildung 2.6). Die Festlegung von Hintergrund- und Materialregion zur Ermittlung der mittleren Grauwerte ist sowohl durch händische Auswahl des Anwenders im 3D-Volumen oder aber automatisiert auf Basis des Histogramms möglich. (Hiller 2011) (Pfeifer & Schmitt 2010)

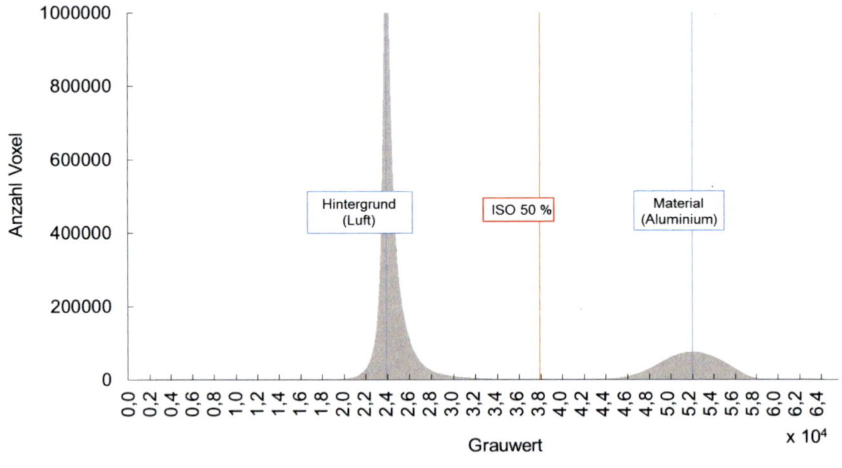

Abbildung 2.6: Globale Oberflächenbestimmung anhand des Histogramms

Bei einfachen Bauteilen und sehr hoher Qualität der Volumendaten kann eine globale Schwellwertbestimmung ausreichend genau sein. Um höhere Genauigkeiten, beispielsweise auch bei Multimaterialbauteilen oder artefaktbehafteten Volumina, zu erreichen und eine falsche

Zuordnung von Bildregionen zu verhindern, ist eine lokale Schwellwertbestimmung unabdingbar. Diese basiert ebenfalls auf dem global bestimmten Schwellwert, der aber lokal unter Einbeziehung benachbarter Grauwerte entlang der Oberfläche korrigiert wird. (De Chiffre et al. 2014) (Hiller 2011)

Auflösungsbedingt liegt innerhalb eines Voxels nur ein gemittelter Grauwert vor (Partialvolumeneffekt). Eine Oberflächenbestimmung entlang der Voxelkanten wäre daher zu ungenau. Daher wird eine subvoxelgenaue Oberflächenbestimmung mittels entsprechender Interpolationsverfahren durchgeführt. Dadurch können in Kombination mit einer lokalen Schwellwertbestimmung Genauigkeiten von circa zehn Prozent der Voxelkantenlänge erreicht werden. Nach der Schwellwertbestimmung stehen nun Oberflächendaten zur Verfügung, die zur Koordinatenmessung weiterverwendet werden können. (Hiller 2011) (Kruth et al. 2011) (VDI/VDE 2630-1.1)

Wie auch in der taktilen und optischen Koordinatenmessung wird bei der computertomographischen Messung nun die erhaltene Messpunktewolke, die sich aus der extrahierten Oberfläche des Messobjekts ergibt, ausgewertet. Zur Messung der Werkstückbeschaffenheit werden geometrisch ideale Regelgeometrieelemente in einem 3D-Koordinatensystem eingepasst, beispielsweise Kreise, Ebenen oder Zylinder. Wie in der Koordinatenmesstechnik üblich, können hierfür verschiedene Ausgleichsverfahren zur Einpassung der Regelgeometrieelemente verwendet werden. Üblicherweise werden für geschlossene Geometrien wie Kreise oder Zylinder die Gauß-Einpassung, Tschebyscheff-Einpassung oder Hüll- beziehungsweise Pferchkreis gewählt. Aufbauend auf den eingepassten Elementen erfolgt dann die Definition von Prüfmerkmalen sowie der Messstrategie. Nach der Messung können die Messergebnisse in einem Prüfprotokoll ausgegeben werden. (Keferstein & Marxer 2015) (Niggemann 2012) (Weckenmann 2012)

Je nach Lage der verwendeten Regelgeometrieelemente wird zwischen unidirektionalen und bidirektionalen Maßen unterschieden. Unidirektionale Maße haben die Eigenschaft, dass sie unabhängig vom Schwellwert der Oberflächenbestimmung sind, während bidirektionale Maße je nach Güte der Oberflächenbestimmung größer oder kleiner gemessen werden können (Abbildung 2.7). Dabei kann ein geringerer Grauwert der bestimmten Oberfläche einen kleineren Messwert, beispielsweise bei Innendurchmessern (D_i), beziehungsweise einen größeren Messwert, beispielsweise bei Außendurchmessern (D_a), zur Folge haben. (Kiekens et al. 2012)

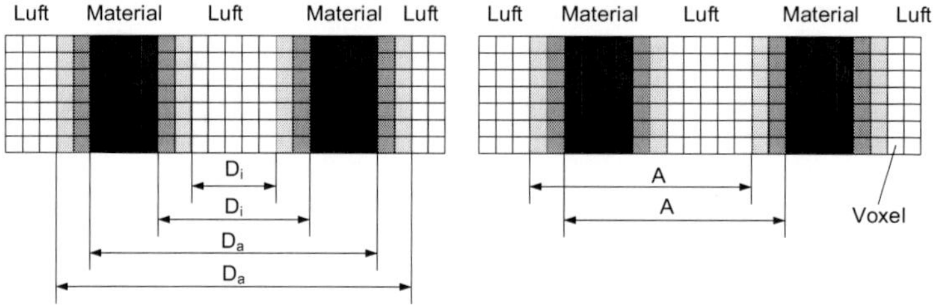

Abbildung 2.7: Schematische Darstellung der Schwellwertabhängigkeit von bidirektionalen (links) und unidirektionalen Maßen (rechts) nach Kiekens et al. 2012

2.2 Messunsicherheit

Jedes Messergebnis ist mit einer Messabweichung behaftet, die sich aus zufälligen und systematischen Abweichungen zusammensetzt. Da deren genauer Wert unbekannt ist, ist jedes Messergebnis mit einer Messunsicherheit belegt.

Der Begriff der Messunsicherheit ist nach dem *Guide to the Expression of Uncertainty in Measurement* (GUM) definiert als „ein Parameter, der mit dem Messergebnis verbunden ist und der die Streuung der Werte charakterisiert, die der Messgröße vernünftigerweise beigeordnet werden können" (JCGM 100). Aufgrund dessen muss das Messergebnis als Schätzwert für die Messgröße betrachtet werden (JCGM 100). Die Angabe eines Messergebnisses ist nur dann vollständig, wenn zusätzlich zum Messwert auch dessen Messunsicherheit angegeben wird (JCGM 100). Die Messunsicherheit bezieht sich dabei immer nur auf die spezifische Messaufgabe und ist somit für jedes zu messende Merkmal neu zu ermitteln (VDI/VDE 2617-8).

2.2.1 Ermittlung der Messunsicherheit

Die Messunsicherheit ist entscheidend für die Bestimmung der Prüfprozesseignung nach VDI/VDE 2617-8. Jene gibt das Verhältnis der Messunsicherheit zur Funktionstoleranz an (Abbildung 2.8), das in der Regel den Wert 0,2 nicht überschreiten darf (VDI/VDE 2617-8). Die Messunsicherheit muss also bekannt sein, um eine Aussage treffen zu können, ob das gemessene Merkmal im Konformitätsbereich liegt und somit als „in Ordnung" angenommen werden kann (Abbildung 2.8). Insbesondere bei kleinen Funktionstoleranzen ist es außerdem erforderlich, die Messunsicherheit zu reduzieren, da ansonsten der Konformitätsbereich und somit die Fertigungstoleranz zu stark eingeschränkt werden.

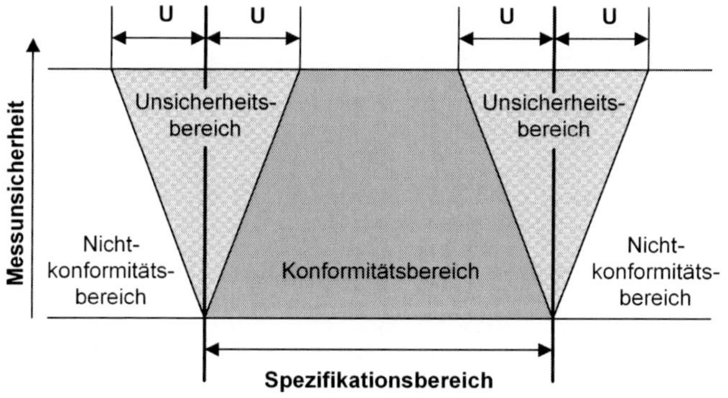

Abbildung 2.8: Zusammenhang zwischen Messunsicherheit und Konformitätsbereich nach Deutsches Institut für Normung e.V. (DIN EN ISO 14253-1)

Im Allgemeinen kann die aufgabenspezifische Messunsicherheit mittels dreier verschiedener Methoden ermittelt werden:

- Standardverfahren nach GUM (JCGM 100)
- numerische Simulation des Messprozesses nach GUM Supplement 1 (JCGM 101)
- experimentelle Messunsicherheitsermittlung anhand kalibrierter Werkstücke nach DIN EN ISO 15530-3

Die Ermittlung einer Unsicherheitsbilanz für eine Messgröße Y mittels des Standardverfahrens nach GUM erfordert ein Wissen über die dem Messprozess zugrunde liegenden Zusammenhänge, die in einer Funktionsbeziehung f gemäß Gleichung (2.11) ausgedrückt werden:

$$Y = f(X_1, X_2, ..., X_n) \tag{2.11}$$

Alle Faktoren X_1, X_2, ..., X_n, die zur Messgröße Y beitragen, müssen identifiziert und vollständig beschrieben werden. Die Realisierungen x_1, x_2, ..., x_n der Faktoren sind dabei jeweils Schwankungen unterworfen. Dadurch sind auch die Faktoren jeweils mit Standardunsicherheiten u_i behaftet, die in die Unsicherheitsbilanz der Messgröße einfließen. (JCGM 100)

Die Schätzwerte der Einflussfaktoren x_1, x_2, ..., x_n und ihre jeweiligen Standardunsicherheiten können entweder experimentell durch eine statistische Analyse von Messreihen (Ermittlungsmethode A) oder aber aus Literatur- beziehungsweise Kalibrierwerten oder herstellerseitigen Spezifikationen (Ermittlungsmethode B) bestimmt werden. Darauf aufbauend muss die Funktionsbeziehung modelliert werden, auf deren Basis dann die dem Schätzwert der Messgröße y zugeordnete Standardunsicherheit u ermittelt wird.

Sind die Eingangsgrößen X_1, X_2, ..., X_n voneinander unabhängig, so gilt für die kombinierte Standardunsicherheit:

$$u(y)^2 = \sum_{i=1}^{n} (\frac{\partial f}{\partial x_i})^2 u(x_i)^2 = \sum_{i}^{n} c_i^2 u(x_i)^2 \tag{2.12}$$

Hierbei ist c_i der Sensitivitätskoeffizient, der den jeweiligen Einfluss der Eingangsgröße auf die Messgröße beschreibt. Sind die Eingangsgrößen X_1, X_2, ..., X_n korreliert, ergibt sich entsprechend:

$$u(y)^2 = \sum_{i=1}^{n} \sum_{j=1}^{n} \frac{\partial f}{\partial x_i} \frac{\partial f}{\partial x_j} u(x_i, x_j) \tag{2.13}$$

Diese Beziehungen sind nur gültig, wenn die Funktionsbeziehung linear ist oder entsprechend durch eine Taylor-Reihe hinreichend genau approximiert werden kann.

Um anhand der Messunsicherheit einen Vertrauensbereich für den Erwartungswert anzugeben, wird die Standardunsicherheit mit einem Erweiterungsfaktor k zur erweiterten Messunsicherheit U multipliziert:

$$U = ku(y) \tag{2.14}$$

Üblicherweise wird für den Erweiterungsfaktor $k = 2$ gewählt, so dass bei Annahme einer Normalverteilung eine Überdeckungswahrscheinlichkeit von circa 95 Prozent gegeben ist.

Die Abschätzung der Messunsicherheit nach dem GUM ist insbesondere für komplexe Messprozesse eine Herausforderung. Oft ist die für die Abschätzung notwendige Funktionsbeziehung nicht entsprechend linearisierbar, so dass diese Methode nicht angewandt werden kann. Eine Alternative für die Modellierung der Funktionsbeziehung ist daher die numerische Simulation (JCGM 101), die keinen geschlossenen mathematischen Ausdruck erfordert (VDI/VDE 2617-7).

Mittels Monte-Carlo-Simulation kann der gesamte Messablauf virtuell nachgebildet wird. Durch eine stochastische Variation mit hinterlegten definierten Wahrscheinlichkeitsverteilungen von Einflussparametern können Schwankungen der Einflussgrößen simuliert werden. Ergebnis jedes Simulationslaufs ist eine Realisierung y_i der Messgröße, aus deren Variation zwischen den Simulationsläufen die zugeordnete Messunsicherheit u_{sim} abgeschätzt werden kann. Nicht in der Simulation berücksichtigte Unsicherheitseinflüsse u_i müssen ebenfalls in die Messunsicherheit u miteinbezogen werden (VDI/VDE 2617-7). Die erweiterte Messunsicherheit ergibt sich daher nach VDI/VDE 2617-7 wie folgt:

$$U = k\sqrt{u_{sim}^2 + \sum_i u_i^2} \tag{2.15}$$

Um aussagekräftig zu sein, benötigen Monte-Carlo-Simulationen in der Regel mehrere hundert bis tausende Simulationsläufe (VDI/VDE-Gesellschaft Mess- und Automatisierungstechnik 2011).

Eine in der Koordinatenmesstechnik etablierte Methode ist die experimentelle Bestimmung der Messunsicherheit unter Verwendung von kalibrierten Werkstücken nach DIN EN ISO 15530-3. Hierbei wird ein kalibriertes Werkstück wiederholt gemessen, das eine Ähnlichkeit zu den zu messenden Werkstücken aufweisen muss. Die Norm schreibt eine Mindestanzahl von 20 Messungen unter den Umgebungsbedingungen vor, die realistischerweise auch bei der Messung der regulären Werkstücke auftreten (DIN EN ISO 15530-3).

Die einzelnen Beiträge zur Messunsicherheit setzen sich zusammen aus Unsicherheitsbeiträgen aus der Kalibrierung u_{cal}, der Unsicherheit aufgrund des Produktionsprozesses des Werkstücks (Produktionsstreuung, Werkstoffstreuung) u_w, einem Beitrag aufgrund des Messprozesses u_p und einer systematische Abweichung zum Kalibrierwert b. Die erweiterte Messunsicherheit U berechnet sich dann nach Härtig & Krystek (2009) wie folgt:[1]

$$U = k\sqrt{u_{cal}^2 + u_w^2 + u_p^2 + b^2} \tag{2.16}$$

Die Standardunsicherheit des Kalibrierprozesses u_{cal} ergibt sich aus der auf dem Kalibrierschein angegebenen erweiterten Unsicherheit U_{cal}:

$$u_{cal} = \frac{U_{cal}}{k} \tag{2.17}$$

Alle Unsicherheiten, die aufgrund von Werkstückeigenschaften auftreten, werden als u_w zusammengefasst. Dies beinhaltet beispielsweise die Streuung von Rauheit oder Form zwischen den Werkstücken aufgrund des Produktionsprozesses. (DIN EN ISO 15530-3)

Aus den Messwerten y_i der n Wiederholmessungen ergibt sich die Standardunsicherheit des Messprozesses u_p:

[1] Vgl. hierzu auch die Diskussion des Beitrags der systematischen Abweichung b zu U in Bartscher et al. (2009).

$$u_p = \sqrt{\frac{1}{n-1}\sum_{i=1}^{n}(y_i - \bar{y})^2} \tag{2.18}$$

mit

$$\bar{y} = \frac{1}{n}\sum_{i=1}^{n} y_i \tag{2.19}$$

Die systematische Abweichung b lässt sich schließlich durch die Bildung der Differenz zwischen ermitteltem Mittelwert $\bar{y}$ und Kalibrierwert x_{cal} ausdrücken:

$$b = \bar{y} - x_{cal} \tag{2.20}$$

Ist eine Kompensation der systematischen Abweichung b möglich, sollte diese immer durchgeführt werden. Damit entfällt deren Beitrag zur erweiterten Messunsicherheit. Stattdessen muss ein Unsicherheitsbeitrag der Korrektur u_b in Gleichung (2.16) berücksichtigt werden, beispielsweise aufgrund der Unsicherheit des thermischen Ausdehnungskoeffizienten des kalibrierten Werkstücks. (DIN EN ISO 15530-3)

2.2.2 Messunsicherheitsermittlung in der Computertomographie

Durch den indirekten Messprozess in der Computertomographie gibt es vielfältige Einflussfaktoren, die zum systematischen oder zufälligen Anteil der Messunsicherheit beitragen und zueinander in wechselseitiger Beziehung stehen. Die VDI/VDE 2630-1.2 listet über 60 Einflussfaktoren auf, die gemäß Abbildung 2.9 klassifiziert werden können. Neben den Systemkomponenten des CT-Geräts sind insbesondere die Anwendung, das heißt die tatsächliche bauteilspezifische Einstellung der Aufnahmeparameter sowie der Anwender mit seiner Erfahrung von Bedeutung.

Die Aufnahmeparameter wie Bauteilorientierung und -position sowie Röhrenstrom, Röhrenspannung und Belichtungszeit beeinflussen sowohl das Messergebnis als auch dessen zugeordnete Standardunsicherheit (vgl. auch Kapitel 3). Der Anwender hat außerdem einen Einfluss bei der Auswertung und Wahl der Messstrategie. Auf die Einflüsse der Rekonstruktion und Oberflächenextraktion wurde bereits in den Kapiteln 2.1.6 und 2.1.7 eingegangen. (VDI/VDE 2630-1.2)

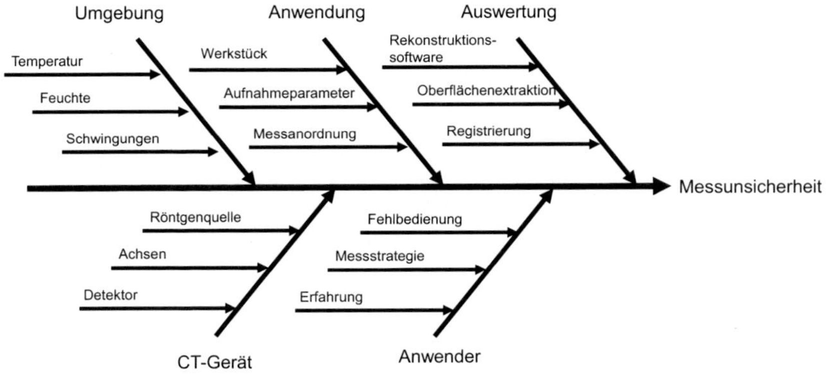

Abbildung 2.9: Wesentliche Einflussgrößen auf die Messunsicherheit in der computertomographischen Messung nach VDI/VDE 2630-1.2

Bei den Umgebungsbedingungen spielt insbesondere die Temperatur eine Rolle. Hierbei ist zu beachten, dass es durch den Betrieb der Röntgenröhre zu erhöhten Temperaturen im Gerät kommen kann. Die Temperatur weist sowohl systematische als auch zufällige Anteile auf, die bei der Messunsicherheitsermittlung berücksichtigt werden müssen. Auch das Gerät selbst hat entscheidenden Einfluss auf das Messergebnis. Durch eine Kompensation (Achskalibrierung, Detektorkalibrierung, Brennfleckkorrektur,...) können allerdings viele Einflüsse der Hardware reduziert werden.

Nicht alle der in Kapitel 2.2.1 beschriebenen Methoden zur Ermittlung der aufgabenspezifischen Messunsicherheit sind bei der Messunsicherheitsermittlung in der Computertomographie anwendbar.

Die Abschätzung der Messunsicherheit anhand von analytischen Modellgleichungen nach dem Guide to the Expression of Uncertainty in Measurement (GUM) erfordert eine vollständige Beschreibung des Messprozesses. Dies ist aufgrund der Komplexität des Messprozesses, in dem deterministische und stochastische Prozesse überlagert sind (vgl. Kapitel 2.1), nicht möglich.

Auch die computertomographische Simulation ist trotz der Fortschritte in der Entwicklung des „Virtuellen CT" momentan nicht anerkannt, da die Vollständigkeit und Validität der Simulationen zur Abschätzung der Messunsicherheit noch nicht ausreichend gesichert ist. (VDI/VDE 2630-2.1)

Daher ist nach VDI/VDE 2630-2.1 die experimentelle Messunsicherheitsbestimmung mittels Wiederholmessungen an kalibrierten Werkstücken aktuell die einzige Möglichkeit, die Messunsicherheit in der computertomographischen Messtechnik zuverlässig zu bestimmen. Die taktile Messung mittels Koordinatenmessgerät ist dabei als Referenzmessung etabliert, da die taktile Messung auf die Definition der Längeneinheit rückführbar ist. (Bartscher, Hilpert & Fiedler 2008)

Aufgrund der unterschiedlichen Funktionsprinzipien der computertomographischen beziehungsweise taktilen Messung kann es allerdings zu Abweichungen zwischen den erzielten Messergebnissen kommen, die beim Vergleich der Ergebnisse berücksichtigt werden müssen.

Die Abtastung der Oberfläche bei der Computertomographie erfolgt als morphologischer Operator, da ein Voxelraster über den Messbereich gelegt wird, so dass eine Integration über einen bestimmten Volumenbereich von der Größe eines Voxel erfolgt (Partialvolumeneffekt). (Kruth et al. 2011)

Im Gegensatz dazu nimmt ein taktiler Sensor direkt die Oberfläche am jeweiligen Antastpunkt auf, wobei die Kugel abhängig vom jeweiligen Tastkugeldurchmesser als Tiefpassfilter der Oberflächenrauheit wirkt. Aufgrund der Hertz'schen Pressung können insbesondere kleine Tastkugeln die Oberfläche des Messobjekts plastisch verformen und feine Spitzen abplatten. (VDI/VDE 2630-2.1). Insbesondere bei Messobjekten mit großen Oberflächenrauheiten kann es daher zu einer systematischen Abweichung zwischen den computertomographischen und taktilen Messergebnissen kommen. (Kruth et al. 2011)

Auch die unterschiedliche Anzahl von Messpunkten zwischen computertomographischen und taktilen Messungen schränkt die Vergleichbarkeit ein. Durch eine größere Anzahl an zur Verfügung stehenden Oberflächenpunkten haben lokale Abweichungen in der computertomographischen Messung beim Einpassen von Regelgeometrieelementen einen geringeren Einfluss als bei einer taktilen Messung, wo insgesamt deutlich weniger Messpunkte zur Verfügung stehen. (VDI/VDE 2630-1.2)

Daher muss bei Verwendung einer taktilen Referenzmessung eine geeignete Messstrategie, beispielsweise unter Berücksichtigung der Position und Anzahl der Messpunkte für beide Messungen, gewählt werden. (Pfeifer & Schmitt 2010) (Salzinger, Hornberger & Hiller 2016) (VDI/VDE 2630-1.2)

2.3 Bewertung der Computertomographie anhand der Bildqualität

Die Bildqualität in der Computertomographie spielt wie bei allen bildgebenden Verfahren eine große Rolle. Alle Parameter im tomographischen Abbildungsprozess (z. B. Hardware und Aufnahmeparameter) haben Auswirkungen auf die jeweilige Bildqualität der Röntgenprojektionen (Hiller & Hornberger 2016). Des Weiteren wird die Bildqualität des 3D-Volumens zusätzlich durch die Rekonstruktion, beispielsweise durch den verwendeten Bildfilter, beeinflusst (Tan et al. 2014). Die Bildqualität hat damit einen großen Einfluss auf das Messergebnis und die zugeordnete aufgabenspezifische Messunsicherheit in der metrologischen Computertomographie (Hiller et al. 2011).

Wichtige Merkmale zur Beschreibung der Bildqualität von Einzelprojektionen sind Kontrast (Kapitel 2.3.1), Auflösung (Kapitel 2.3.2), Rauschen (Kapitel 2.3.3) und Bildschärfe (Kapitel 2.3.4). Diese können durch Qualitätskenngrößen beschrieben werden.

Die aufgenommene Projektion ist durch Bereiche mit unterschiedlichen Grauwerten gekennzeichnet, die gemäß Gleichung (2.8) die Schwächung repräsentiert.[2] Diese Unterschiede machen sich die unterschiedlichen Kenngrößen zunutze und ermöglichen so eine objektive Beschreibung der Bildqualität. Im Gegensatz dazu kann eine subjektive visuelle Bewertung der Projektion durch den Anwender zu einer Fehleinschätzung der tatsächlichen Bildqualität und ihrer Auswirkung auf das Messergebnis führen (Krämer 2012).

2.3.1 Kontrast

Der Kontrast beschreibt den relativen Grauwertunterschied in einem Bild, der durch den Schwächungsunterschied eines Objekts zu seiner Umgebung (Hintergrund) hervorgerufen wird (Abbildung 2.10). Je höher dieser Unterschied ausfällt, desto höher ist auch der Kontrast. (Guy & Ffytche 2005) (Schlungbaum et al. 1994) (Kamm 1998)

Die Definition für den Kontrast C lautet nach Guy & Ffytche (2005) und Prince & Links (2006) wie folgt:

$$C = \frac{\bar{g}_o - \bar{g}_h}{\bar{g}_h} \tag{2.21}$$

Dabei stellen $\bar{g}_o$ den mittleren Grauwert des Objekts und $\bar{g}_h$ den mittleren Grauwert des Hintergrunds dar. Dieser Kontrast wird auch oft als lokaler Kontrast bezeichnet, da er beispielsweise auch nur für einen Bildausschnitt (*Region of Interest*, ROI) angewendet werden kann. (Prince & Links 2006)

[2] Im Gegensatz zur klassischen Bildverarbeitung wird hier nicht mit der Bildintensität gerechnet. Eine hohe Bildintensität (weiß dargestellt) entspricht einem geringen Grauwert, während eine geringe Intensität (schwarz dargestellt) einen hohen Grauwert zur Folge hat. In der 3D-Abbildung repräsentiert wiederum die Farbe Schwarz einen geringeren Absorptionskoeffizienten beziehungsweise Grauwert des Voxels (z. B. Luft, Hintergrund).

Nach Kamm (1998) kann auch das Kontrastverhältnis (Contrast Ratio) C_{ratio} zur Kontrastberechnung verwendet werden:

$$C_{ratio} = \frac{\bar{g}_o}{\bar{g}_h} = C - 1 \tag{2.22}$$

Wird in Gleichung (2.22) statt des mittleren Grauwerts von Objekt $\bar{g}_o$ beziehungsweise Hintergrund $\bar{g}_h$ der lokale maximale Grauwert g_{max} beziehungsweise der minimale Grauwert g_{min} der Röntgenprojektion eingesetzt, erhält man die Transmission.

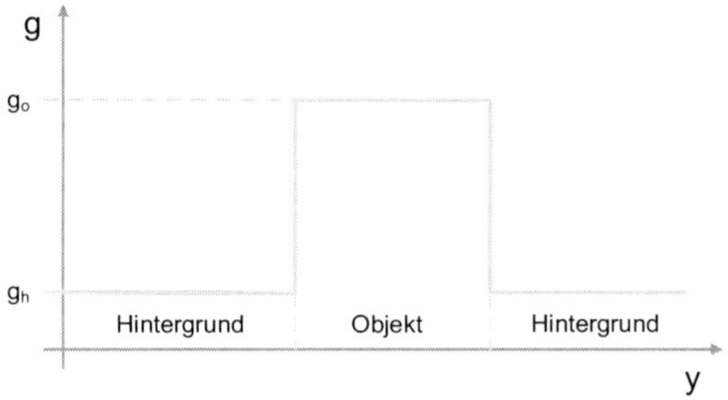

Abbildung 2.10: Grauwertunterschied zwischen Objekt und Hintergrund

Die Modulation M gibt dahingegen an, wie stark sich der Signalunterschied zwischen Objekt und Hintergrund vom mittleren Signal absetzt (Prince & Links 2006). Sie wird nach Kamm (1998) wie folgt berechnet:

$$M = \frac{\bar{g}_o - \bar{g}_h}{\bar{g}_o + \bar{g}_h} \tag{2.23}$$

Die Modulation kann ebenso in einer ROI eingesetzt werden, wenn – analog zur Transmission – statt der mittleren Grauwerte von Objekt $\bar{g}_o$ beziehungsweise Hintergrund $\bar{g}_h$ der lokale maximale Grauwert g_{max} beziehungsweise der minimale Grauwert g_{min} in der ROI verwendet werden.

Im radiographischen Abbildungsprozess kann Streuung (vgl. Kapitel 2.1.3) dazu führen, dass scharfe Bildkanten abgeschwächt werden und der Kontrast abnimmt. Insbesondere bei geringen Unterschieden im Schwächungskoeffizienten zwischen Material beziehungsweise Detail und Hintergrund hat die Streustrahlung einen großen negativen Einfluss auf den Kontrast. Dieser Effekt nimmt mit zunehmender Härte der Strahlung zu, da bei weicherer Strahlung mit geringerer Streuung zu rechnen ist. Der Kontrast kann also durch die Wahl von Röhrenspannung und Vorfilter beeinflusst werden. Der Kontrast des rekonstruierten Volumens wird von dem Kontrast der Einzelprojektionen bestimmt. (Goldman 2007) (Guy & Ffytche 2005) (Schlungbaum et al. 1994)

2.3.2 Auflösung

Die (Orts-)Auflösung gibt die Fähigkeit eines abbildenden Systems an, feine Strukturen räumlich getrennt abzubilden. Diese hängt von vielen Faktoren während des Abbildungsprozesses ab, beispielsweise von Brennfleckgröße und Brennfleckdrift während der Messung, sowie der Vergrößerung und der Genauigkeit der Hardwarekomponenten. Die Auflösung des 3D-Volumens wird zusätzlich durch den Rekonstruktionsalgorithmus sowie Strahlaufhärtung und Streustrahlung beeinflusst. (Guy & Ffytche 2005) (Hiller & Kasperl 2010) (Kalender 2000)

Die in einem idealen Prozess maximal erreichbare Auflösung einer radiographischen Projektion ist durch die Diskretisierung des Detektors in Pixel begrenzt. Dadurch muss die Vergrößerung so gewählt werden, dass der Durchmesser des kleinsten interessierenden Details d_{min} mindestens doppelt so groß wie die Pixelgröße W_p auf dem Detektor abgebildet wird:

$$W_p < 0,5 d_{min} \tag{2.24}$$

Ist dies nicht der Fall, so kann es bei Objekten mit regelmäßigen hochfrequenten Strukturen aufgrund der räumlichen Unterabtastung zu streifenförmigen Moiré-Mustern durch Aliasing sowie einer Zunahme des Bildrauschens kommen. Aufgrund der oben genannten Einflussfaktoren ist die Gesamtauflösung des Systems in der Regel geringer als die Detektorauflösung. (Guy & Ffytche 2005) (Hiller & Kasperl 2010) (Kalender 2000) (Neitzel 1998)

Das Auflösungslimit des Systems kann anhand der sogenannten Modulationstransferfunktion (MFT) bestimmt werden. Diese beschreibt die Wiedergabe des Kontrasts in Abhängigkeit von der Ortsfrequenz. Die Angabe der Ortfrequenz erfolgt in der Regel mit der Einheit Linienpaare pro Längeneinheit (Lp/mm). Unter Linienpaar versteht man ein periodisches, aus schwarzen und weißen Streifen bestehendes Muster mit der entsprechenden Ortsfrequenz. Die MFT ist eine intrinsische Größe des Abbildungssystems und wird mit einem Testobjekt (Drahtphantom oder periodisches Raster mit unterschiedlichen räumlichen Frequenzen) bestimmt, wobei das Auflösungslimit als der Wert definiert ist, bei dem die MFT unter einen bestimmten Grenzwert (meist zehn Prozent) gesunken ist. (Guy & Ffytche 2005) (Hiller & Kasperl 2010) (Kalender 2000) (Kamm 1998)

Der Anwender kann daher die Auflösung nur dahingehend beeinflussen, dass er das gesamte Auflösungsvermögen des CT-Systems ausschöpft. Dies geschieht vor allem durch Wahl der

Vergrößerung (Position), der durch Spannung und Strom vorgegebenen Brennfleckgröße sowie des Bildfilters in der Rückprojektion. (Hiller & Kasperl 2010) (Kalender 2000)

2.3.3 Rauschen

Verschiedene Einflussfaktoren im radiographischen Abbildungsprozess und der Rekonstruktion tragen zum Rauschen bei. Der wohl wichtigste Einflussfaktor ist das Quantenrauschen aufgrund stochastischer Schwankungen in Streuung und Absorption der Röntgenphotonen beim Durchdringen von Materie (vgl. Kapitel 2.1.3). (Buzug 2008) (Kalender 2000) (Kamm 1998)

Die räumliche Verteilung der am Detektor auftreffenden Röntgenphotonen kann durch eine Poisson-Verteilung beschrieben werden. Das Pixelrauschen σ_p wird daher als Standardabweichung der Poisson-Verteilung in Abhängigkeit von der Anzahl der detektierten Photonen N_d eines Pixels wie folgt ausgedrückt (Guy & Ffytche 2005) (Kamm 1998):

$$\sigma_p = \sqrt{N_d} \tag{2.25}$$

Das relative Quantenrauschen R_{rel} in der Röntgenabbildung entspricht dem Variationskoeffizienten der Poisson-Verteilung und kann daher mit

$$R_{rel} = \frac{\sigma_p}{N_d} = \frac{1}{\sqrt{N_d}} \tag{2.26}$$

beschrieben werden. Mit zunehmender Photonenzahl, beispielsweise durch eine Erhöhung des Strom-Zeit-Produkts, also des Produkts aus Röhrenstrom und Belichtungszeit, kann das relative Quantenrauschen reduziert werden. (Buzug 2008)

Eine wesentliche Kenngröße zur Beschreibung des Zusammenhangs zwischen Signal und Rauschen ist das sogenannte Signal-Rausch-Verhältnis (Signal-Noise-Ratio, SNR), wobei σ_o die Standardabweichung des Signals darstellt (DIN EN 16016-3) (Kamm 1998):[3]

$$SNR = \frac{\bar{g}_o}{\sigma_o} \tag{2.27}$$

[3] Eine abweichende Definition der SNR unter Nutzung des Hintergrundrauschens σ_h wird in der Literatur ebenfalls verwendet und ist beispielsweise bei Bushberg (2012) zu finden.

$\bar{g}_o$ beschreibt wiederum den mittleren Grauwert des Objekts (Kamm 1998). Je höher Röhrenstrom oder Belichtungszeit gewählt werden, desto besser ist das Signal-Rausch-Verhältnis, weil das relative Quantenrauschen zurückgeht. Wie viele Photonen am Detektor auftreffen, hängt auch von den Eigenschaften des Messobjekts ab: Bei kleineren Objekten (geringe Durchstrahlungslänge) oder weniger stark absorbierenden Materialien kann ein günstiges Signal-Rausch-Verhältnis bereits bei einem geringeren Strom-Zeit-Produkt erreicht werden. (Buzug 2008) (Bushberg 2012) (Goldman 2007)

Neben der SNR kann auch das Kontrast-Rausch-Verhältnis (Contrast-Noise-Ratio, CNR) bestimmt werden. Das Kontrast-Rausch-Verhältnis berechnet sich dabei nach DIN EN 16016-3 wie folgt:

$$CNR = \frac{\bar{g}_o - \bar{g}_h}{\sigma_h} \tag{2.28}$$

Das CNR gibt somit an, ob die Signaldifferenz zwischen einem Objekt beziehungsweise Objektdetail und dessen Hintergrund größer ist als der Rauschpegel im Hintergrund σ_h und ist eines der meistgebrauchten Qualitätsmaße in der zerstörungsfreien Prüfung. (DIN EN 16016-3)

Wenn eine größere Anzahl von Röntgenphotonen auf dem Detektor eintrifft (beispielsweise durch eine Erhöhung der Röhrenspannung und somit ein härteres Spektrum), wird der Rauschanteil reduziert. Allerdings kann dadurch der Kontrast ebenfalls verringert werden. (Goldman 2007)

Zusätzlich kann es bei einer starken Abschwächung der Röntgenstrahlung im Objekt dazu kommen, dass ein sehr niedriges Intensitätsverhältnis der aus dem Objekt austretenden Strahlung zur Primärstrahlung entsteht, wodurch das Rauschen dominiert. Dieses ist dann im rekonstruierten Volumen als Muster (Rauschartefakt) zu erkennen. (Hiller 2011)

Neben dem Quantenrauschen treten weitere Rauschquellen auf, die sich additiv auswirken: Thermisches Rauschen entsteht durch thermische Fluktuationen der Elektronenverteilung in der aktiven Detektorfläche. Durch die Bewegung der Elektronen können diese in das Leitungsband des Halbleiters gelangen, und dadurch einen Dunkelstrom erzeugen (vgl. Kapitel 2.1.5). Dieser führt zu einem Offset des Signals am Detektor (Dunkelbild) und damit einhergehend zu Poisson-verteiltem Dunkelstromrauschen. Das Dunkelbild ist unabhängig von der Röntgenstrahlung und kann daher im ausgeschalteten Zustand der Röntgenröhre gemessen und das Signaloffset im Zuge einer Detektorkalibrierung korrigiert werden. Zusätzlich führen Streuprozesse optischer Photonen im Szintillator zu einem (teilweise korrelierten)

Szintillatorrauschen, das sich ebenfalls auf die Röntgenprojektion auswirkt. (Buzug 2008) (Erhardt 2008) (Hiller 2011) (Kalender 2000)

Die Ausleseelektronik von Detektoren ist meist so aufgebaut, dass Arrays von einzelnen Detektorelementen (Pixeln) in verschiedenen parallelen Kanälen zusammengeschaltet sind. Jeder Kanal benutzt seinen eigenen Schaltkreis mit Verstärkerelektronik, so dass sich Offset- und Verstärkercharakteristika für jedes Detektorarray unterscheiden. Je nach Schaltungsdesign entsteht so ein ortsabhängiges, korreliertes Strukturrauschen, das als Linienmuster auf dem Detektorbild sichtbar wird – dieses wird in der Regel ebenfalls durch eine entsprechende Detektorkorrektur kompensiert. Zusätzlich kann es in der Ausleseelektronik zu elektronischem Rauschen kommen, das vorrangig aus einer unvollständigen Entladung von Kondensatoren in der elektronischen Schaltung entsteht und so zu einer Signalverfälschung führt. Das zusätzliche signalunabhängige Verstärkerrauschen sowie das Quantisierungsrauschen am Analog-Digital-Wandler können im Normalfall gegenüber der anderen Rauschquellen im System vernachlässigt werden. (Bushberg 2012) (Erhardt 2008) (Goldman 2007) (Kalender 2000) (Kamm 1998)

Die Berechnung des Rauschens als Standardabweichung des Signals in Gleichungen (2.27) und (2.28) stellt also eine Vereinfachung dar, da das Rauschen als unkorreliert und ortsunabhängig angenommen wird. Diese Vereinfachung ist zulässig, da bei modernen CT-Systemen die genannten Rauschquellen im Verhältnis zum Quantenrauschen einen deutlich geringeren Einfluss haben. Allerdings kann es in manchen Fällen dazu führen, dass das CNR in verschiedenen Aufnahmen trotz sehr unterschiedlicher Rauschstrukturen einen identischen Wert annimmt. (Bath 2010) (Erhardt 2008) (Goldman 2007) (Kalender 2000) (Kamm 1998)

Das Rauschen pflanzt sich als sogenanntes Bildpunktrauschen bis in das rekonstruierte 3D-Volumen fort, wo es als Standardabweichung σ_b der Grauwerte von n Bildpunkten B_i einer *Region of Interest* in Abhängigkeit vom Mittelwert $\bar{B}$ wie folgt beschrieben werden kann (Kalender 2000):

$$\sigma_b^2 = \frac{1}{n-1}\sum_{i=1}^{n}(B_i - \bar{B})^2 \tag{2.29}$$

Ebenso wie das Rauschen in der Projektion ist das Bildpunktrauschen ortsabhängig. Es wird außerdem von dem eingesetzten Bildfilter in der gefilterten Rückprojektion beeinflusst. Glättende Filteralgorithmen glätten auch das Rauschen auf Kosten der Bildschärfe, während scharfe Filter rauscherhöhend wirken. Der in der Regel verwendete Shepp-Logan-Filter stellt dabei einen Kompromiss zwischen Rauschglättung und Erhalt der Bildschärfe dar. (Buzug 2008) (Hiller 2011) (Goldman 2007) (Kalender 2000)

Insgesamt kann hohes Rauschen in den Einzelprojektionen dazu führen, dass bei der Rekonstruktion fälschlicherweise hohe räumliche Frequenzen erkannt werden, was Aliasing und Artefakte hervorruft sowie die Bildschärfe reduziert. (Hiller 2011) (Guy & Ffytche 2005)

2.3.4 Bildschärfe

Ist die Kontur eines Objekts oder Details deutlich erkennbar, geht man von einem scharfen Bild aus. Dies ist der Fall, wenn die Schwächung der Strahlung zwischen Objekt und Hintergrund einen harten Übergang aufweist. Sind fließende Kanten vorhanden, ist die Bildschärfe reduziert und kleine Details sind nur schwer erkennbar. Die Bildschärfe beschreibt also den Grauwertübergang zwischen zwei Bildbereichen mit unterschiedlichen Grauwerten, zum Beispiel zwischen Objekt und Hintergrund (siehe Abbildung 2.11). (Kamm 1998) (Schlungbaum et al. 1994)

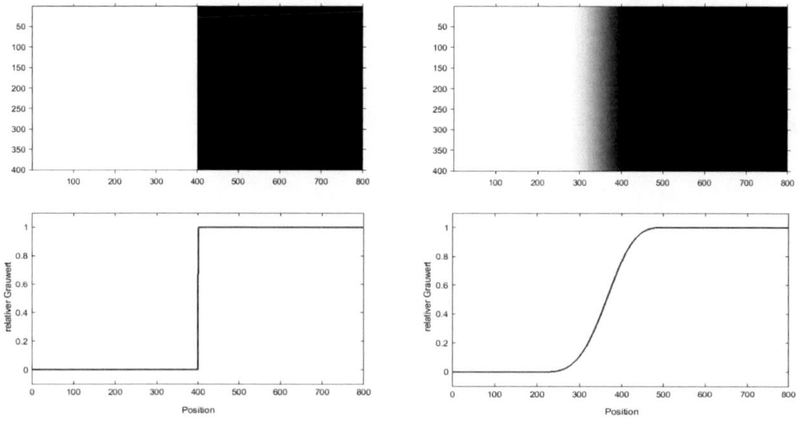

(a) ideale Stufenkante

(b) zugehörige unscharfe Abbildung der Kante

Abbildung 2.11: Gegenüberstellung einer (a) idealen Stufenkante und (b) einer unscharfen Abbildung der Kante nach A_Böhmler (2016)

Die Bildschärfe einer radiographischen Abbildung hängt nach Schlungbaum et al. (1994) von folgenden Faktoren ab:

- geometrische Unschärfe
- Bewegungsunschärfe

- innere Unschärfe

Die geometrische Unschärfe aufgrund der Brennfleckausdehnung wurde bereits in Kapitel 2.1.1 beschrieben. Die Bewegungsunschärfe wird durch Bewegung des Objekts – beispielsweise durch mangelhafte Fixierung auf dem Drehteller – oder den bereits angesprochenen Brennfleckdrift hervorgerufen. Während die Objektbewegung in der medizinischen Computertomographie beispielsweise durch Patientenatmung eine große Rolle spielt, kann sie in der industriellen Anwendung im Allgemeinen vernachlässigt werden. Voraussetzung hierfür ist eine ausreichende Fixierung des Objekts auf dem Drehteller. Im Gegensatz dazu ist die Brennfleckbewegung ein entscheidender Faktor, dem durch geeignete Maßnahmen, wie die Brennfleckkorrektur mithilfe eines Kalibrierobjekts, begegnet werden muss. Die innere Unschärfe entspricht bei digitalen Detektoren der Pixelgröße und ist damit gleichbedeutend mit der Detektorauflösung (vgl. Kapitel 2.1.5). Zusätzlich wirken sich die Vergrößerung, die Streustrahlung und die Abbildungseigenschaften des Detektors auf die Bildschärfe aus. Sie kann deshalb nicht losgelöst von den anderen Bildmerkmalen Kontrast, Rauschen und Auflösung betrachtet werden. (Kamm 1998) (Schlungbaum et al. 1994)

Kenngrößen zur Bewertung der Bildschärfe stammen großteils aus dem Bereich der digitalen Bildverarbeitung, wo Bildqualität automatisiert beurteilt werden soll. Sie bewerten die Grauwertverteilung, den Kontrast und/oder die hochfrequenten Anteile in einem Bild beziehungsweise einer Bildregion. Die einzelnen Kenngrößen unterscheiden sich vor allem in der Gewichtung der unterschiedlichen Frequenzanteile sowie ihrer Sensitivität bezüglich Rauschen. (Hilsenstein 2005)

2.3.4.1 Histogrammbasierte Kennwerte

Das Histogramm gibt die Grauwertverteilung eines Bilds an (Abbildung 2.12). Daher können unterschiedliche Bildeigenschaften durch eine Analyse des Histogramms bestimmt werden. Bei einem unterbelichteten Bild ergibt sich eine Verschiebung der Häufigkeiten hin zu geringen Grauwerten (Erhardt 2008). Ist der Kontrast niedrig, so liegen die Grauwerte von Hintergrund und Objekt nah beieinander (Erhardt 2008). Daher berechnen Firestone et al. (1991) sowie Santos et al. (1997) die Grauwertspanne als Differenz zwischen Minimal- und Maximalwert im Histogramm unter der Annahme, dass ein scharfes Bild eine größere Spanne aufweist. Groen, Young & Ligthart (1985) summieren die Anzahl der Pixel mit einem Grauwert unter einem bestimmten Schwellwert. Allerdings liefern Untersuchungen zur Eignung dieser Kennwerte keine eindeutig positiven Ergebnisse. (Ferzli & Karam 2009) (Firestone et al. 1991) (Santos et al. 1997)

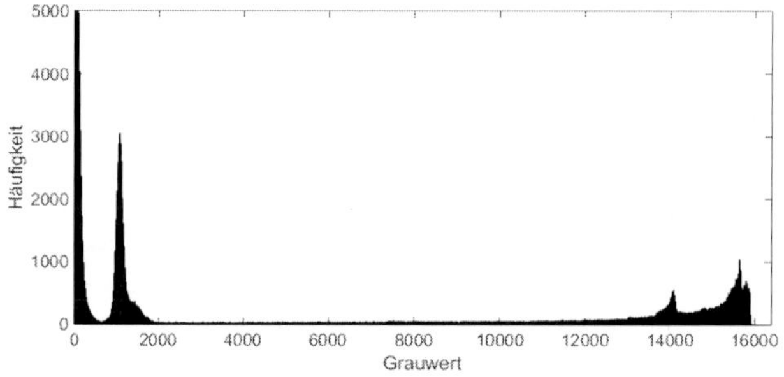

Abbildung 2.12: Beispielhaftes Histogramm einer Röntgenprojektion

Ein weitverbreitetes Maß für die Verteilung der Grauwerte ist die Entropie, die den Informationsgehalt eines Signals beschreibt (Firestone et al. 1991) (Jeon et al. 2010) (Krotkov 1988). Die Entropie H ist nach Cover & Thomas (2006) und Santos et al. (1997) als

$$H = -\sum_{i} P(g_i) log_2(P(g_i)) \text{ mit } P(g_i) \neq 0 \tag{2.30}$$

definiert, wobei $P(g_i)$ die jeweilige Häufigkeit der Grauwerte g_i darstellt.[4] Santos et al. (1997) verwenden darüber hinaus einen Schwellwert, wodurch niedrigere Grauwerte nicht in die Berechnung der Entropie einfließen.

Auch hier liegt die Annahme zugrunde, dass ein schärferes Bild eine höhere Anzahl an Grauwerten aufweist, während diese sich in einem unscharfen Bild zu einem einzigen Grauwert angleichen. Daher haben scharfe Bilder in der Regel eine höhere Entropie. Allerdings ist die Entropie ein globales Maß, das keine Ortsinformationen berücksichtigt. (Ferzli & Karam 2009) (Firestone et al. 1991) (Krotkov 1988) (Santos et al. 1997) (Yeo et al. 1993)

2.3.4.2 Differenzenbasierte Kennwerte

Für die Beurteilung der Bildschärfe werden sowohl Differenzen erster Ordnung als auch zweiter Ordnung eingesetzt. Mit zunehmender Unschärfe gleichen sich Grauwerte benachbarter Pixel an. Die Differenz zwischen hellen und dunklen Bildbereichen nimmt daher ab (Santos et al. 1997).

[4] Eine leicht abweichende Definition der Entropie auf Basis des natürlichen Logarithmus findet sich beispielsweise bei Krotkov (1988) und Jeon et al. (2010).

Ein einfaches Maß für die Bildschärfe ist die Varianz Var eines Bilds oder Bildausschnitts der Größe N_yN_z Pixel. Die Varianz der Grauwerte $g(i,j)$ an der Pixelposition i,j wird in ihrer diskretisierten Form nach Batten (2000), Krotkov (1988) und Rudnaya & Ochshorn (2011) wie folgt ausgedrückt:

$$Var = \frac{1}{N_yN_z}\sum_{i=1}^{N_y}\sum_{j=1}^{N_z}(g(i,j)-\bar{g})^2 \tag{2.31}$$

Hierbei ist $\bar{g}$ der mittlere Grauwert in Bild(ausschnitt) der Größe N_yN_z.

Die Varianz verhält sich robust gegenüber Rauschen (Batten 2000) (Yeo et al. 1993). Eine größere Bildschärfe geht daher einher mit einer höheren Varianz, während eine niedrige Varianz mit Unschärfe in Verbindung gebracht werden kann, da die Grauwertschwankungen mit verringerter Schärfe im Bild abnehmen. (Ferzli & Karam 2009) (Krotkov 1988)

Um unterschiedliche Bilder vergleichbar zu machen, kann die Varianz normalisiert werden. Santos et al. (1997) schlagen die Normalisierung mit dem einfachen Mittelwert $\bar{g}$ vor:

$$Var_n = \frac{1}{\bar{g}}Var \tag{2.32}$$

Auch die Normalisierung mit dem quadrierten Mittelwert $\bar{g}^2$ wird in der Literatur verwendet (Groen, Young & Ligthart 1985). Die Varianz ist dabei ein globaler Kennwert, der die Ortsinformation beziehungsweise die räumliche Verteilung der Grauwerte nicht berücksichtigt. Liang et al. (2010) erweitern daher die Varianz um statistische Informationen entlang der Kante zwischen Objekt beziehungsweise Detail und Hintergrund, sodass eine gewisse Ortsinformation in die Berechnung mit einfließt.

Daneben existiert eine Vielzahl von gradientenbasierten Kennwerten zur Bestimmung der Bildschärfe. Oftmals wird der Gradient nur in eine Dimension berechnet. Die Berücksichtigung beider Dimensionen, das heißt entlang der Pixel in y-Richtung N_y und der Pixel in z-Richtung N_z in einem Bild mit Grauwerten $g(i,j)$ bietet allerdings deutlich bessere Ergebnisse (Santos et al. 1997) und wird daher im Folgenden betrachtet. Der zweidimensionale, lokale Gradient $G(i,j)$ an der Pixelposition i,j ist nach Batten (2000) mit einer ganzzahligen Schrittweite n wie folgt definiert:

$$G(i,j) = \sqrt{[g(i+n,j)-g(i,j)]^2 + [g(i,j+n)-g(i,j)]^2} \tag{2.33}$$

Dieser wird zum globalen Gradienten aufsummiert und mit der Bildgröße N_yN_z normalisiert

(Batten 2000):

$$G_n = \frac{1}{N_y N_z} \sum_{i=1}^{N_y-n} \sum_{j=1}^{N_z-n} G(i,j) \tag{2.34}$$

Allerdings ist der Gradient nicht robust gegenüber Rauschen, was einen Nachteil darstellt. Um diese Robustheit zu erhöhen, kann ein Schwellwert T verwendet werden. Der Gradient mit Schwellwert (Thresholded Gradient) G_{th} wird nach Groen, Young & Ligthart (1985) und Santos et al. (1997) wie folgt ausgedrückt:

$$G_{th} = G_n \text{ für } [g(i+n,j) - g(i,j)] > T \wedge [g(i,j+n) - g(i,j)] > T \tag{2.35}$$

Meist wird $n = 1$ gewählt.

Der quadrierte Gradient ist analog zu Gleichung (2.34) nach Groen, Young & Ligthart (1985) und Santos et al. (1997) als

$$G_2 = \frac{1}{N_y N_z} \sum_{i=1}^{N_y-n} \sum_{j=1}^{N_z-n} G(i,j)^2 \tag{2.36}$$

definiert und wird in seiner eindimensionalen Form beispielsweise von Yousefi, Rahman & Kehtarnavaz (2011) verwendet. Der quadrierte Gradient führt zu einer stärkeren Gewichtung scharfer Kanten, hat aber den unerwünschten Nebeneffekt, dass ebenso hochfrequentes Rauschen verstärkt wird. Auch hier kann analog zum Gradienten ein Schwellwert definiert werden.

Eine Alternative ist die sogenannte Brenner-Funktion G_B, die den quadrierten Gradienten entspricht, allerdings in Gleichung (2.33) $n = 2$ setzt (Brenner et al. 1976). Die Brenner-Funktion wirkt dadurch wie ein Tiefpassfilter, der hochfrequentes Rauschen unterdrückt, und weist somit eine größere Robustheit auf. (Batten 2000)

Eine weitere Variante der Berechnung des quadrierten Gradienten ist die sogenannte Tenengrad-Funktion. Diese ergibt sich durch eine diskrete Faltung mit je einem horizontalen und vertikalen Sobel-Operator als Approximation des Gradienten G_{sobel} nach Sobel & Feldman (1968). Der Sobel-Operator benutzt hierfür lineare Filterkernel, die ebenfalls die Sensitivität gegenüber Rauschen reduzieren (Burger & Burge 2008) (Kristan et al. 2006) (Krotkov 1988) (Yeo et al. 1993). Auch die Tenengrad-Funktion G_T wird über das Bild b der Größe $N_y N_z$ aufsummiert. Gegebenenfalls kann außerdem ein Schwellwert T eingesetzt werden (Krotkov 1988) (Yeo et al. 1993):

$$G_T = \frac{1}{N_y N_z} \sum_{i=1}^{N_y-n} \sum_{j=1}^{N_z-n} G_{sobel}(i,j)^2 \text{ für } G_{sobel}(i,j) > T \tag{2.37}$$

mit dem Sobel-Gradienten G_{Sobel} an Pixelposition (i, j):

$$G_{Sobel}(i,j) = \sqrt{G_y^2(i,j) + G_z^2(i,j)} \tag{2.38}$$

Dabei stellen $G_y = S_y * b$ und $G_z = S_z * b$ jeweils die Faltung des Bildes b mit den entsprechenden Sobel-Operatoren S_y und S_z in y- beziehungsweise z-Richtung im Bild dar. (Yeo et al. 1993)

Die sogenannte Sum of Modified Laplacians (SML) basiert auf der zweiten räumlichen Ableitung, nämlich dem Laplace-Operator. Der modifizierte Laplace-Operator ML wird dabei nach Nayar & Nakagawa (1994) und Yousefi, Rahman & Kehtarnavaz (2011) in seiner diskretisierten Form wie folgt ausgedrückt:

$$ML = |2g(i,j) - g(i-n,j) - g(i+n,j)| + |2g(i,j) - g(i,j-n) - g(i,j+n)| \tag{2.39}$$

und dann alle Werte über einem Schwellwert T zur SML aufsummiert:

$$SML = \sum_{j=1}^{N_z} \sum_{i=1}^{N_y} ML \text{ für alle } ML > T \tag{2.40}$$

Die Sum of Modified Laplacians weist ein sehr gutes Antwortverhalten auf Grauwertvariation im Bild und somit eine hohe Genauigkeit bei der Erkennung von Bildschärfe auf, ist aber anfällig für Rauschen. Je größer der Wert der SML, desto schärfer das Bild. Zur Berechnung der SML wird die Berücksichtigung der direkten Nachbarn, also $n = 1$, empfohlen. (Ferzli & Karam 2009) (Nayar & Nakagawa 1994) (Süsse & Rodner 2014)

2.3.4.3 Frequenzbasierte Kennwerte

Bei einem unscharfen Bild ist der Anteil an hohen Ortsfrequenzen geringer, da weniger Details im Bild zu erkennen sind. Daher gibt es einige Kennwerte, die im Frequenzraum arbeiten. In der Praxis haben sich hierzu die schnelle Fourier-Transformation (*Fast Fourier Transform*, FFT) sowie die diskrete Kosinustransformation (DCT) durchgesetzt. Frequenzbasierte Kennwerte zeichnen sich durch eine größere Robustheit gegenüber Rauschen aus. (Batten 2000) (Krotkov 1988)

Batten (2000) arbeitet mit der Fourier-Transformierten $B(u,v)$ des Bildes $b(y,z)$ mit

$$B(u,v) = \mathfrak{F}\{b(y,z)\} \tag{2.41}$$

Alle Frequenzanteile unterhalb einer bestimmten Frequenzschwelle Ω werden zur Frequenzsumme F_{th} aufsummiert:

$$F_{th} = \frac{1}{4\Omega^2} \sum_{u=-\Omega}^{\Omega} \sum_{v=-\Omega}^{\Omega} |B(u,v)| \tag{2.42}$$

Der experimentell ermittelte Schwellwert Ω wirkt als Tiefpassfilter, um Rauscheinflüsse zu vermeiden.[5] Allerdings können dabei hohe Frequenzen, die tatsächliche Kanteninformationen besitzen, ebenfalls herausgefiltert werden. Daher muss der Schwellwert immer auf die jeweiligen Gegebenheiten angepasst werden. (Batten 2000)

Auch auf Basis der Diskreten Kosinustransformation (DCT) wurden einige Kennwerte definiert. Die DCT ist eng verwandt mit der Fourier-Transformation und wird beispielsweise in der Bildkompression angewandt. Die DCT-Transformierte B_c ist eine Repräsentation des Bildes $b(y,z)$ im Frequenzbereich basierend auf zweidimensionalen orthogonalen Kosinus-Basisfunktionen:

$$B_c(\omega,\nu) = \mathfrak{F}_c\{b(y,z)\} \tag{2.43}$$

Ergebnis der Transformation sind die Amplituden dieser Basisfunktionen, die sogenannten DCT-Koeffizienten. (Kristan et al. 2006) Die normalisierte DCT-Transformierte $\tilde{B}_c$ hat die Eigenschaft eine real-wertige, positive Funktion zu sein, deren Werte 1 ergeben. Daher kann $\tilde{B}_c$ auch als eine spektrale Dichtefunktion angesehen werden. Sie wird wie folgt ausgedrückt: (Kristan et al. 2006)

$$\tilde{B}_c(\omega,\nu) = \frac{\sum_{\omega}^{N-1}\sum_{\nu}^{M-1}|B_c(\omega,\nu)|^2}{(\sum_{\omega}^{N-1}\sum_{\nu}^{M-1}|B_c(\omega,\nu)|)^2} \tag{2.44}$$

Basisfunktionen niedriger Ordnung repräsentieren dabei geringe Ortsfrequenzen, Basis-

5 Im Gegensatz dazu verwenden Firestone et al. (1991) einen Hochpassfilter und summieren alle Frequenzanteile über dem – ebenfalls experimentell bestimmten – Schwellwert auf.

funktionen höherer Ordnung dementsprechend höhere Ortsfrequenzen. Die Koeffizienten niedriger Ordnung stellen also langsame räumliche Veränderungen dar, während Koeffizienten höherer Ordnung schnelle räumliche Veränderungen, wie Rauschen, darstellen. Bei einem scharfen Bild ist von einem uniformen Spektrum auszugehen. (Kristan et al. 2006)

Die spektrale Verteilung kann durch die Entropie bewertet werden. Kristan et al. (2006) schlagen daher die Verwendung der Bayes'schen Entropie H_b^2 als Schärfemaß vor:

$$H_b^2 = -2(1 - \sum_i P_i^2) \tag{2.45}$$

wobei P_i die Verteilungsfunktion im Frequenzraum darstellt, die der normalisierten DCT nach Gleichung (2.44) entspricht. Eine hohe Entropie geht dabei von einer uniformen Frequenzverteilung, also einem scharfen Bild, aus, während eine niedrige Entropie auf ein unscharfes Bild deutet. (Kristan et al. 2006)

Somit ergibt sich für das Schärfemaß H_{DCT}^2 unter Vernachlässigung des Skalierungsfaktors:

$$H_{DCT}^2 = 1 - \frac{\sum_{\omega}^{N-1} \sum_{\nu}^{M-1} |B_c(\omega, \nu)|^2}{(\sum_{\omega}^{N-1} \sum_{\nu}^{M-1} |B_c(\omega, \nu)|)^2} \tag{2.46}$$

Da sich die Entropie auf ein normalisiertes DCT-Spektrum bezieht, ist dieser Kennwert unabhängig vom Bildkontrast. Koeffizienten höherer Ordnung, die aufgrund von Rauschen einen Wert > 0 annehmen, werden zusätzlich durch die Einführung einer Grenzfrequenz T herausgefiltert. (Kristan et al. 2006)

Auch die Kurtosis (Wölbung) der spektralen Verteilung kann als Maß für die Bildschärfe dienen. Sie beschreibt die Steilheit einer Verteilungsfunktion. Damit kann bei einem schärferen Bild von einer geringeren Kurtosis ausgegangen werden, da das Spektrum annähernd gleichverteilt ist, sie ist also umgekehrt proportional zur Bildschärfe. Die Kurtosis K einer Verteilung kann nach Caviedes & Oberti (2004) und Ferzli & Karam (2009) durch die zentralen Momente zweiter m_2 beziehungsweise vierter Ordnung m_4 ausgedrückt werden:

$$K = \frac{m_4}{(m_2)^2} \tag{2.47}$$

2.3.4.4 Autokorrelationsbasierte Kennwerte

Auch die Autokorrelationsfunktion kann als Maß für die Bildschärfe dienen. Die Autokorrelation einer ROI im Bild gibt an, wie gut ein lokales Bildfenster mit einem räumlich versetzen Bildfenster mit dem Shift $(\Delta y, \Delta z)$ übereinstimmt. Bei einem scharfen Bild ist die Korrelation benachbarter Pixel niedrig, das heißt auch die Autokorrelation nimmt einen niedrigen Wert an. (Batten 2000) (Gonzalez & Woods 2008) (Ferzli & Karam 2009) (Liu, Li & Jia 2008)

Die allgemeine Definition der lokalen Autokorrelation $acf(i, j)$ in einem Bildfenster W um einen Bildpunkt (y,z) beträgt nach Liu, Li & Jia (2008):

$$acf(y, z) = \sum_{(i,j)\in W} (g(i, j) - g(i + \Delta y, j + \Delta z))^2 \tag{2.48}$$

Ein daraus abgeleiteter Kennwert zur Berechnung der Autokorrelation ist Vollath F_4 (Vollath 1988). Dieser ist nach Hilsenstein (2005) und Pertuz, Puig & Garcia (2013) wie folgt definiert:

$$F_4 = \sum_{j=1}^{N_z} \sum_{i=1}^{N_y-1} g(i, j)g(i + 1, j) - \sum_{j=1}^{N_z} \sum_{i=1}^{N_y-2} g(i, j)g(i + 2, j) \tag{2.49}$$

mit N_y und N_z als Breite und Höhe des Bilds beziehungsweise betrachteten Bildausschnitts, und $g(i, j)$ als Grauwert des Bildpixels an der Stelle (i, j). Vollath F_4 wurde bereits als robust gegenüber Rauschen getestet. (Hilsenstein 2005) (Santos et al. 1997)

2.3.4.5 Kennwerte basierend auf der Analyse der Kantenregion

Betrachtet man nur die Kantenregion in einem Bild, so kann man von der Breite der Kante auf die Schärfe des Bildes rückschließen (vgl. Abbildung 2.11). Je größer die Ausdehnung der Kante, desto unschärfer ist das Bild. (Ferzli & Karam 2009)

Verschiedene Metriken zur Bestimmung der Kantenbreite findet man bei Barland & Saadane 2005, Marziliano et al. 2002, Marziliano et al. 2004 und Ong et al. 2003. Zunächst werden jeweils durch eine Kantendetektion die n_{edge} Kantenpixel lokalisiert. Dies geschieht durch Bildfilter, beispielsweise durch Anwendung von Canny-, Prewitt- oder Sobel- Algorithmen (Barland & Saadane 2005) (Ong et al. 2003). Danach wird die jeweilige Ausdehnung der

Kante s_i zwischen den lokalen Extrema in Gradientenrichtung bestimmt. Um einen globalen Kennwert zu erhalten, wird die Kantenstärke W_{edge} über die gesamte Kante gemittelt:

$$W_{edge} = \frac{1}{n_{edge}} \sum_{i}^{n_{edge}} s_i \tag{2.50}$$

Analytische Modellfunktionen zur Beschreibung der Kantenregion, beispielsweise in Abhängigkeit vom Kontrast, sind bei Beek (1995), Li (2002) und A_Böhmler (2016) zu finden. Dabei wird die Ausdehnung der Kante in Gradientenrichtung durch parametrisierte Modellgleichungen beschrieben, die durch Parameterfitting an den realen Kantenverlauf angepasst werden. Die Parameter können damit zur Bewertung der Kantenregion herangezogen werden.

3 Stand der Forschung

Die Forschung im Bereich der industriellen Computertomographie hat in den letzten Jahren an Bedeutung gewonnen. Insbesondere für den Einsatz der Computertomographie in der Messtechnik gibt es zahlreiche Forschungsarbeiten, die sich mit dem Thema der Messunsicherheit in der Computertomographie auseinandersetzen (Kapitel 3.1). Neben der Untersuchung der Bildqualität in der Computertomographie (Kapitel 3.2) ist die Anwenderunterstützung (Kapitel 3.3) ebenfalls ein Forschungsthema, das mit zunehmendem industriellen Einsatz der Computertomographie verstärkt an Bedeutung gewinnt. Im Folgenden werden die Ansätze vorgestellt, die für die Zielsetzung der vorliegenden Arbeit relevant sind. Abschließend erfolgt in Kapitel 3.4 eine kritische Bewertung der vorgestellten Arbeiten, aus der das bestehende Forschungsdefizit und der Handlungsbedarf abgeleitet wird.

3.1 Röntgen-Computertomographie in der Messtechnik

Zur Charakterisierung von Computertomographen und der experimentellen Messunsicherheitsermittlung wurde eine Vielzahl von taktil kalibrierten Normalen entwickelt. Einen Überblick bieten Kruth et al. (2011). Die Norm VDI/VDE 2630-1.3 schlägt einen Stufenzylinder mit Innenbohrung vor. Dieser kann beispielsweise für Charakterisierungsmessungen im Hinblick auf das Absorptionsverhalten und Strahlaufhärtungseffekte verwendet werden. Viele Normale bestehen daher aus Stufenzylindern oder auch aus Kugelanordnungen. Diese werden unter anderem für die Überprüfung und Korrektur von systematischen Fehlereinflüssen, wie Skalierungsfehlern, eingesetzt. Beispiele für verschiedene Normale sind bei Angel (2014) Bartscher et al. (2007), Hilpert et al. (2008), Kiekens et al. (2010) und Neugebauer et al. (2007) dargestellt. Ein Set an Aluminium- und Titannormalen wird von Lifton et al. (2013) zur Untersuchung von Strahlaufhärtung und Streustrahlung verwendet. Zur Untersuchung von Längenmessungen werden Normale mit planparallelen Flächen, beispielsweise Stufenkeile, vorgestellt (Cantatore et al. 2011) (Kiekens et al. 2011).

Darüber hinaus werden verschiedene bauteilähnliche Normale entwickelt. Staude et al. (2010) stellen einen miniaturisierten, mehrteiligen Zylinderkopf aus Aluminium vor. Durch den modularen Aufbau des Zylinderkopfes können auch innere Merkmale taktil kalibriert werden. Bartscher et al. (2011) entwickeln außerdem ein werkstückähnliches Normal für Gussteile mit Freiformflächen, während Stolfi & De Chiffre (2015) ein Multimaterialobjekt einsetzen.

Anhand solcher Normale werden jeweils experimentelle messaufgabenspezifische Messunsicherheitsermittlungen durchgeführt, beispielsweise von Bartscher et al. (2009), Müller (2012) und Müller et al. (2012b). Affenzeller et al. (2015) sowie Bartscher, Hilpert & Fiedler (2008) stellen außerdem experimentelle Messunsicherheitsermittlungen für taktil kalibrierte industrielle Bauteile vor.

Salzinger, Hornberger & Hiller (2016) diskutieren die Unterschiede zwischen taktiler Kalibrierung und CT-Messung bei der experimentellen Messunsicherheitsermittlung anhand einer Untersuchung der Oberflächenfilterung bei taktiler und CT-Messung (vgl. Kapitel 2.2.2). Trotz der unterschiedlichen Filterwirkungen kann im Regelfall die taktile Referenzmessung zur Kalibrierung verwendet werden. (Salzinger, Hornberger & Hiller 2016)

Algorithmen zur Simulation radiographischer Prüfverfahren werden von Bellon (2000), Jaenisch et al. (2006) sowie Tabary, Hugonnard & Mathy (2007) vorgestellt und kontinuierlich für die Computertomographie weiterentwickelt (Rebuffel et al. 2014) (Reiter et al. 2016). Simulative Messunsicherheitsermittlungen für einfache Geometrien werden von Franz et al. (2009) sowie Kasperl, Hiller & Krumm (2008) durchgeführt. Hiller (2011) entwickelt darauf aufbauend eine numerische Simulation des Abbildungsprozesses, anhand derer eine Messunsicherheitsabschätzung mittels Monte-Carlo-Simulation erfolgen kann. Hardwarecharakteristika des Computertomographen dienen dabei als Input für das Simulationsmodell. Dabei liegt der Fokus auf dem individuellen Einfluss von Hardwarekomponenten, beispielsweise des Detektors, auf das Messergebnis. Eine Weiterentwicklung des Ansatzes erfolgt aktuell durch Helmecke et al. (2016).

Weiterführend schlagen Hiller et al. (2014) einen Bootstrapping-Ansatz vor, der es ermöglicht, Unsicherheitsbeiträge einzelner geometrischer Größen isoliert zu betrachten. Mithilfe des Bootstrapping-Verfahrens kann auf Basis einer einzelnen Messung eine Simulation des Messvorgangs wiederholt durchgeführt werden. Einen ähnlichen Ansatz verfolgt Krämer (2012), der mittels Messprozesssimulation das Rauschen der Messpunkte bei Wiederholmessungen auf Basis verschiedener hinterlegter Verteilungen nachstellt. Die aufgabenspezifische Messunsicherheit soll so aus simulierten Datensätzen abgeleitet werden (vgl. auch (Krämer & Weckenmann 2010) und (Krämer & Weckenmann 2011)).

Die Betrachtung und Quantifizierung verschiedener Einflussfaktoren auf die Messunsicherheit (vgl. Abbildung 2.9) ist Gegenstand der Untersuchungen von Dewulf et al. (2013). Dewulf et al. (2013) gehen dabei auf zufällige und systematische Einflüsse auf die Unsicherheit, unter anderem in der Voxelgrößenbestimmung, ein (vgl. auch (Kiekens et al. 2012)). Auch hierzu werden Simulationsmodelle, beispielsweise zur Quantifizierung von Ausrichtungsfehlern der Hardware, verwendet (Ferrucci et al. 2016). Die computertomographische Simulation kann außerdem zur Untersuchung der Bildqualität (vgl. Kapitel 3.2) sowie zur Optimierung von Aufnahmeparametern verwendet werden (vgl. Kapitel 3.3).

3.2 Bildqualität in der computertomographischen Messtechnik

Im medizinischen Bereich bestehen bereits Kenngrößen zur Bewertung der Bildqualität rekonstruierter Schichtbilder. Edyvean et al. (2003) betrachten Bildrauschen, Ortsauflösung, Schichtdicke[6] und Strahlungsdosis in einem kombinierten Qualitätsfaktor. Danach sind eine hohe Ortsauflösung, wenig Rauschen, schmale Schichten und eine geringe Strahlungsdosis von Vorteil. Kalender (2011) schlägt eine etwas anders gewichtete Kenngröße vor, die ebenfalls das Bildrauschen, die Ortsauflösung sowie die Dosis miteinbezieht.

Für die industrielle Computertomographie fordert die DIN EN 16016-2 ausgehend von der Bildqualität der Einzelprojektion eine transmissionsbasierte Parametereinstellung. Ein optimales Signal-Rausch-Verhältnis soll durch eine Transmission durch das Messobjekt von 10 bis 20 Prozent in der Einzelprojektion erreicht werden. Arbeiten von Reiter et al. (2012) zeigen allerdings, dass unterschiedliche Einstellungen der Aufnahmeparameter (beispielsweise Röhrenspannung und Belichtungszeit) bei gleicher Transmission zu sehr unterschiedlichen Signal-Rausch-Verhältnissen und damit zu unterschiedlicher Bildqualität führen können. Die Transmission ist daher als alleiniger Parameter zur Beschreibung der Bildqualität nicht geeignet.

Hiller et al. (2011) untersuchen simulativ den Einfluss der Bildqualität des rekonstruierten Volumens auf Koordinatenmessungen einer Kugel. Zwei Merkmale der Bildqualität des rekonstruierten Volumens, nämlich Rauschen und Auflösung, werden dabei gezielt variiert (vgl. auch (Hiller & Kasperl 2010)). Hiller et al. (2011) berichten jeweils von einer zunehmenden Messabweichung bei höherem Rauschen beziehungsweise einer geringeren Auflösung. In einer experimentellen Studie betrachten Müller et al. (2012a) ebenfalls den Einfluss von Auflösung und Pixelrauschen im 3D-Volumen auf die Messabweichung. Müller et al. (2012a) können einen großen Einfluss der Auflösung auf das Messergebnis nachweisen, während der Einfluss des Rauschens in diesem Fall vernachlässigbar ist. Diese Ergebnisse werden durch Arenhart, Nardelli & Donatelli (2016) gestützt, die ebenfalls experimentell Rauschen

[6] Die Schichtdicke entspricht der axialen Länge des zur Rekonstruktion verwendeten Detektorbereichs in der medizinischen Computertomographie mit Detektor-Ring (Prince & Links 2006) und ist für die industrielle Kegelstrahl-Computertomographie mit Flächendetektor nicht relevant.

und Bildschärfe des 3D-Volumens untersuchen. Arenhart, Nardelli & Donatelli (2016) zeigen, dass die Auflösung das Messergebnis deutlich stärker beeinflusst als das Rauschen, so dass es trotz höherem CNR des 3D-Volumens zu einem schlechteren Messergebnis kommt. Die alleinige Betrachtung eines Bildqualitätskennwerts, wie das CNR des 3D-Volumens, ist in diesem Fall also zur Bewertung der Güte des Messergebnisses nicht ausreichend.

Reiter et al. (2014) schlagen für die Evaluation des rekonstruierten Volumens einen grauwertbasierten Qualitätskennwert vor. Das Histogramm des Bildes dient dabei als Maß für den Grad der Trennung zweier Materialklassen, die üblicherweise dem Material des Messobjekts und dem Hintergrund (Luft) entsprechen. Damit werden Kontrast, Rauschen, Unschärfe und Artefakte berücksichtigt. Der eingeführte Qualitätskennwert soll einen globalen Überblick über die Qualität des rekonstruierten Volumens geben.

Fleßner et al. (2016) entwickeln einen sogenannten „Local Quality Value (LQV)", der jedem bestimmten Oberflächenvoxel des 3D-Volumens einen Wert für die Zuverlässigkeit der lokalen Oberflächenbestimmung zuweist. Dieser Kennwert basiert auf der lokalen Grauwertänderung normal zur Oberfläche (vgl. auch (Fleßner et al. 2015b) und (Fleßner et al. 2015a)). Ein ebenfalls lokales Qualitätsmaß wird von Schönfeld & Bartscher (2015) vorgeschlagen, auf dessen Basis eine qualitätsabhängige Gewichtung der Oberflächenpunkte im 3D-Volumen durchgeführt wird. Hierdurch kann der lokale Einfluss von Artefakten und anderen Störungen auf das Messergebnis verringert werden.

3.3 Optimierung von Aufnahmeparametern

Eine Vielzahl von Untersuchungen zeigen, dass die vom Anwender beeinflussbaren Parameter einen signifikanten Einfluss auf das Messergebnis und die dazugehörige Messunsicherheit haben (De Chiffre et al. 2014) (Kruth et al. 2011). Hierzu zählen Bauteilorientierung und -position sowie Röhrenspannung, Röhrenstrom und Belichtungszeit bei der Aufnahme der computertomographischen Projektionen, während bei Datenverarbeitung und -auswertung Rekonstruktion (z. B. Algorithmen zur Artefaktkorrektur) und Oberflächenbestimmung eine Rolle spielen (Andersen & Holmberg 2016) (Flisch et al. 2010) (Schmitt & Niggemann 2010a) (Schmitt & Niggemann 2010b) (Steinbeiß 2005) (Weckenmann & Krämer 2009).

Carmignato & Pierobon (2011) berichten von einem Ringversuch mit Normalen, in dem Messstrategien und Messunsicherheiten bei der Messung mit industriellen Computertomographen verschiedener Anwender verglichen wurden (vgl. auch (Carmignato et al. 2012)). Auch Angel & De Chiffre (2014) führten einen solchen Ringversuch mit industriellen Bauteilen durch.

Diese Studien kommen zu dem Ergebnis, dass die unterschiedlichen Partner im Ringversuch deutlich abweichende Messergebnisse erzielen.

Daher ist die Unterstützung des Anwenders bei der Aufnahmeplanung Gegenstand der Forschung. Erste Ansätze zur simulativen Optimierung von Aufnahmeparametern wurden bereits für zweidimensionale radiographische Abbildungen von Rebuffel et al. (2006) vorgestellt. Dafür wurden möglichst viele Kombinationen von Aufnahmeparametern anhand eines Normals simuliert und die Ergebnisse mithilfe einer bildqualitätsbasierten Kostenfunktion hinsichtlich Defekterkennung bewertet.

Für die Computertomographie entwickelten Reiter et al. (2010b) eine deterministische Simulationsumgebung, anhand derer verschiedene Parameterkombinationen für ein ausgewähltes Bauteil getestet und mit realen computertomographischen Messungen verglichen wurden. Reiter et al. (2010a) stellen darauf aufbauend einen Ansatz vor, der anhand von Bildschärfe, Kontrast und Artefakten im simulierten Messvolumen vorteilhafte Aufnahmeparameter ermittelt. Dieses vorwissenbasierte Vorgehen erfordert zunächst Vorgaben des Nutzers, wie zum Beispiel die Geometrie und die Materialzusammensetzung des Prüfobjekts, die über eine CAD-Schnittstelle eingelesen werden können, sowie Daten über das benutzte Messgerät (Achsen, Strom, Spannung etc.). Mittels deterministischer Strahlengangssimulation werden messaufgabenspezifische Parametereinstellungen bestimmt.

Auch Reisinger et al. (2011) nutzen zur Bestimmung der vorteilhaften Aufnahmeparameter für eine gewählte Prüfaufgabe einen simulativen Ansatz. Hierbei werden die vier Parameter Bauteilposition und -orientierung sowie Vorfilterdicke und Röhrenspannung in einem hierarchischen Ansatz auf Basis von Vergrößerung und Transmission nach DIN EN 16016-2 eingestellt. Schnell (2011) beschäftigt sich mit der Weiterentwicklung der Inline-CT und optimiert für Prüfaufgaben an Aluminiumguss-Kolben die Aufnahmeparameter hinsichtlich des Kontrast-Rausch-Verhältnisses der Einzelprojektion mittels einer Monte-Carlo-Simulation. Für Multimaterialbauteile nutzen Reiter et al. (2016) das lokale CNR im 3D-Volumen als Qualitätskenngröße für die simulative Optimierung von Aufnahmeparametern.

Xue et al. (2016) sowie Schielein et al. (2016) verwenden die Entropie des rekonstruierten Volumens, um eine globale Qualitätsaussage über das 3D-Volumen zu treffen und die Orientierung des Messobjekt simulativ zu optimieren (vgl. auch (Schielein et al. 2014)). Die Entropie dient bei beiden Ansätzen als Maß für die Strahlaufhärtung, die bei geringeren Durchstrahlungslängen des Bauteils je nach Orientierung vermindert werden kann.

Giedl-Wagner, Miller & Sick (2012) verfolgen einen Ansatz zur Optimierung von Aufnahmeparametern mittels neuronaler Netze mit radialen Basisfunktionen. Die Auswahl der Aufnahmeparameter erfolgt automatisiert. Das neuronale Netz muss in einem zeitaufwändigen

Prozess mit Beispieldaten, von denen bereits die als optimal definierten Aufnahmeparameter bekannt sind, trainiert werden. Bis jetzt können dabei nur Standardbauteile, die eine gewisse Ähnlichkeit zum Trainingsbauteil aufweisen, abgebildet werden.

Niggemann (2012) entwickelt ein wissensbasiertes System zur Anwenderunterstützung bei der Einstellung von computertomografischen Aufnahmeparametern, das die Parameter von bereits durchgeführten Messungen in einer Falldatenbank ablegt. Die Auswahl der Aufnahmeparameter erfolgt dabei semi-empirisch auf Basis von Ähnlichkeitskriterien mit vorhergehenden Messungen aus der Falldatenbank sowie von Daten aus der Simulation physikalischer Grundlagen und gerätespezifischem Faktenwissen (vgl. auch (Schmitt & Niggemann 2011) und (Schmitt, Isenberg & Niggemann 2012)). Sind ähnliche Werkstücke in der Datenbank vorhanden, so schlägt das wissensbasierte System dieselben Aufnahmeparameter für die aktuelle Anwendung vor. Eine Weiterentwicklung des wissensbasierten Systems für Multimaterialbauteile wird von Schmitt & Buratti (2015) durchgeführt. Buratti et al. (2016) beschreiben darauf aufbauend eine analytische Methode zur Einstellung von Aufnahmeparametern. Diese basiert auf einer Analyse der Werkstückgeometrie und -position sowie der Materialzusammensetzung. Auf Basis der optimalen Transmission wird für das jeweilige Material die passende Photonenenergie ausgerechnet und somit Röhrenspannung und Vorfilter gewählt. In einem zweiten Schritt wird der Röhrenstrom so angepasst, dass die Brennfleckgröße nicht zu einer Verringerung der Auflösung führt. Als letzter Schritt wird dann die Belichtungsdauer eingestellt, um den linearen Bereich des Detektors voll auszunutzen (vgl. auch (Schmitt et al. 2018)).

Kuhn et al. (2014) stellen einen Ansatz vor, der es ermöglicht, die Position des Messobjekts, das Röntgenspektrum durch Spannung und Vorfilter sowie die Brennfleckgröße zu optimieren. Dies geschieht auf Basis eines Sets an schnellen CT-Scans mit einer stark begrenzten Anzahl an Projektionen. Die Scans werden jeweils mit unterschiedlichem Röntgenspektrum ausgeführt und deren 3D-Bildqualität im Anschluss gemäß des von Reiter et al. (2014) eingeführten Qualitätskennwerts ausgewertet.

3.4 Forschungsdefizit

Kapitel 3.1 beschreibt eine Vielzahl von Ansätzen, die sich mit der Ermittlung der Messunsicherheit auseinandersetzen. Es ist festzuhalten, dass die experimentelle Messunsicherheitsermittlung mittels taktil kalibrierter Normale oder Werkstücke als Standard anzusehen ist. Die simulative Abschätzung der Messunsicherheit befindet sich im Gegensatz dazu noch in der

Entwicklung und ist noch nicht rückführbar. Insgesamt werden Einflussfaktoren auf das Messergebnis und die zugehörige Messunsicherheit jeweils exemplarisch untersucht, allerdings verzichten die Untersuchungen darauf, Empfehlungen zur Reduktion der Messunsicherheit abzuleiten.

Die Bildqualität von Einzelprojektionen und des 3D-Volumens kann durch verschiedene Kenngrößen beschrieben werden. Allerdings zeigt Kapitel 3.2, dass der Einfluss der Bildqualität von Einzelprojektionen auf die computertomographische Koordinatenmesstechnik bislang nur wenig erforscht ist und klassische Kenngrößen wie in der DIN EN 16016-2 zur Beschreibung der Bildqualität nicht ausreichen (vgl. auch (Schielein et al. 2014)).

Ansätze zur Bewertung der Bildqualität aus der Medizintechnik ((Edyvean et al. 2003), (Kalender 2011)) lassen sich aufgrund anderer Rahmenbedingungen nicht auf die metrologische Computertomographie übertragen. So ist die in den vorgeschlagenen Kenngrößen verwendete Schichtdicke aufgrund der anderen Scannergeometrie in der Kegelstrahl-Computertomographie mit Flächendetektor nicht anwendbar. Des Weiteren werden medizinische Aufnahmen durch medizinisches Personal rein visuell und somit subjektiv bewertet. Der visuelle Eindruck muss aber nicht mit der Qualität des Messergebnisses in der dimensionellen Messtechnik übereinstimmen (vgl. (Krämer 2012)).

Die Bildqualität des rekonstruierten 3D-Volumens steht in direktem Zusammenhang zur Bildqualität der Einzelprojektionen. Eine Bestimmung der Bildqualität des rekonstruierten Volumens wie in Fleßner et al. (2016), Reiter et al. (2014) und Schönfeld & Bartscher (2015) bietet aber nur die Möglichkeit, die Qualität des Scans nachgelagert zu bewerten. Eine Bewertung der Parameterwahl ist erst nach der Messung und Rekonstruktion möglich. Fällt die Bewertung negativ aus, muss die Messung zeitaufwändig wiederholt werden. Ein Kennwert zur Bewertung der Bildqualität von Einzelprojektionen mit Bezug zum Messergebnis sowie der jeweiligen zugeordneten Messabweichung existiert derzeit nicht.

Es existiert also eine große Anzahl von Einflussfaktoren auf das Messergebnis, die aber – bedingt durch die Komplexität des Messverfahrens – nicht einfach erfasst und bewertet werden können. Die Wahl geeigneter Aufnahmeparameter stellt daher in der Computertomographie eine Herausforderung dar. Für die Ermittlung von Aufnahmeparametern muss sich der Anwender derzeit auf Erfahrungswissen, das er selbst erworben hat oder das in einer aufwändig gepflegten Datenbank (Niggemann 2012) zur Verfügung steht, verlassen. Neuronale Netze (Giedl-Wagner, Miller & Sick 2012) müssen ebenfalls mit aufwändigen Trainingsdaten für jede neue Messaufgabe weiterentwickelt werden. Die Übertragbarkeit auf weitere Bauteile ist bei beiden Ansätzen durch die Ähnlichkeitsbedingung eingeschränkt. Der analytische Ansatz von Buratti et al. (2016) bzw. Schmitt et al. (2018) benötigt Vorwissen des Anwenders bezüglich der Werkstückgeometrie und der Materialzusammensetzung.

Simulationsbasierte Methoden, wie in Reiter et al. (2016), Schielein et al. (2016) und Xue et al. (2016) können den Abbildungsprozess nur angenähert wiedergeben. Des Weiteren benötigt die Simulation bereits - ebenso wie das analytische Verfahren nach Buratti et al. (2016) - detailliertes Vorwissen über das Material und die Geometrie des zu prüfenden Bauteils. Problematisch ist ebenfalls die lange Simulationsdauer bei komplexen Bauteilen wie in Schielein et al. (2016). Daher ist die Simulation zur Echtzeit-Optimierung momentan nicht geeignet.

Im experimentellen Ansatz nach Kuhn et al. (2014) erfolgt die Einstellung der Aufnahmeparameter auf Basis der Bildqualität der nach mehreren schnellen CT-Scans rekonstruierten 3D-Volumen. Der Einfluss der Bildqualität des 3D-Volumens auf die Messabweichung wird aber nicht untersucht.

Insgesamt kann festgehalten werden, dass derzeit kein Ansatz existiert, bei dem der Einfluss der Bildqualität der Einzelprojektionen auf die Messabweichung in der industriellen Computertomographie umfassend betrachtet wird und der darauf aufbauend eine (teil-)automatisierte Optimierung der Aufnahmeparameter auf Basis tatsächlicher Projektionen ohne umfangreiches Vorwissen des Anwenders ermöglicht. Diese Lücke soll in der vorliegenden Arbeit geschlossen werden.

4 Methodik zur projektionsbasierten Einstellung von Aufnahmeparametern

Im Folgenden wird eine Methodik vorgestellt, die die aus dem Forschungsdefizit abgeleitete Forderung nach einer (teil-)automatisierten Einstellung von Aufnahmeparametern erfüllt. Der Lösungsansatz besteht darin, anhand der Bildqualität von wenigen Einzelprojektionen, die jeweils vor der eigentlichen Messung des interessierenden Objekts aufgenommen werden, diejenigen Aufnahmeparameter zu identifizieren, die bei entsprechend guter Projektionsbildqualität zu einer geringeren Messabweichung führen. Die Methodik gliedert sich gemäß Abbildung 4.1 in vier Schritte.

Bevor eine Einstellung der Aufnahmeparameter anhand der jeweiligen Projektionsbildqualität erfolgen kann, müssen geeignete Bildqualitätskenngrößen identifiziert, sowie deren Zusammenhang mit der Messabweichung untersucht und quantifiziert werden (vgl. Kapitel 2.3). Dies geschieht anhand systematischer Messungen. Die hierzu notwendigen Messobjekte mit wesentlichen geometrischen Merkmalen werden daher im ersten Schritt der Methodik (Kapitel 4.1) konzipiert und taktil kalibriert.

Im zweiten Schritt (Kapitel 4.2) werden die Bildqualitätskenngrößen auf ihre Eignung für Anwendung auf computertomographische Projektionen überprüft. Dazu werden zunächst Anforderungen an diese formuliert und eine Bewertung auf Basis von realen und manipulierten computertomographischen Projektionen durchgeführt.

Nach der Identifikation geeigneter Kenngrößen wird im dritten Schritt der Zusammenhang zwischen diesen und der Messabweichung des zugeordneten rekonstruierten 3D-Volumens erforscht und in einem Modell quantitativ beschrieben (Kapitel 4.3). Zunächst wird ein auf statistischer Versuchsplanung basierendes Vorgehen zur Durchführung der experimentellen Versuchsreihen entwickelt (Kapitel 4.3.1). Um den Unsicherheitsbeitrag von Oberflächenbestimmung und Datenauswertung zu reduzieren, wird eine einheitliche Vorgehensweise für die Auswertung der 3D-Daten festgelegt (Kapitel 4.3.3). Dadurch kann eine hohe Reproduzierbarkeit der Messdatenauswertung gewährleistet werden. Basierend auf den durchgeführten Versuchen wird ein mathematisches Modell über den funktionalen Zusammenhang zwischen

Bildqualitätsparameter und Messabweichung erstellt (Kapitel 4.3.6). Dadurch kann die erstrebenswerte 2D-Bildqualität aus dem Modell abgeleitet werden. Diese wird als Zielgröße für die bauteilabhängige Optimierung der Aufnahmeparameter verwendet.

Eine entsprechende Optimierungsmethodik wird in Schritt 4 entwickelt (Kapitel 4.4). Durch Anwendung der Optimierungsmethodik kann so jeweils eine bauteil- und geräteabhängige bevorzugte Konfiguration der Aufnahmeparameter bestimmt werden.

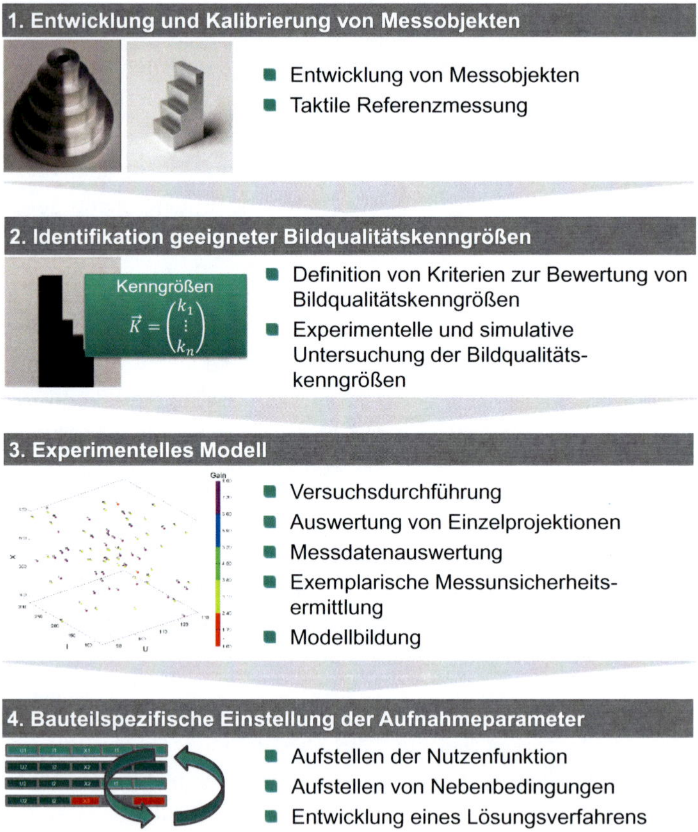

Abbildung 4.1: Übersicht über die Methodik zur projektionsbasierten Einstellung von Aufnahmeparametern

4.1 Entwicklung von Messobjekten

Zunächst wird ein Set an Messobjekten entwickelt, anhand dessen systematische Versuche zum Aufbau des experimentell bestimmten Modells durchgeführt werden können. Die Messobjekte werden mit einem taktilen Koordinatenmessgerät (KMG) kalibriert.

4.1.1 Messobjekte

Nach VDI/VDE 2630-1.3 sind insbesondere Stufenzylinder als Messobjekte in der Computertomographie geeignet (vgl. auch Kapitel 3.1). Es wird daher ein Stufenzylinder eingesetzt, der fünf verschiedene Außendurchmesser in einer linearen Abstufung zwischen 55 und 15 Millimetern aufweist (Abbildung 4.2). Zusätzlich weist der Stufenzylinder eine koaxiale Innenbohrung von fünf Millimetern auf. Das Verhältnis zwischen Höhe des Stufenzylinders und seinem größten Außendurchmesser liegt bei 0,91 und damit innerhalb der nach der VDI-Richtlinie geforderten Bandbreite von 0,8 bis 1,2. Bei den Durchmessern *D1* bis *D6* des Stufenzylinders handelt es sich um bidirektionale Maße, also Maße, die in der computertomographischen Messung eine Schwellwertabhängigkeit aufweisen. Die Abstandsmaße der Stufen *A1* bis *A4* sind dahingegen unidirektionale, schwellwertunabhängige Maße (vgl. Abbildung 4.2)) .

Zusätzlich wird ein Treppenkörper als zweites Messobjekt gefertigt (Abbildung 4.3). Der Treppenkörper hat vier Stufen mit einer Höhe von jeweils fünf Millimetern. Jede Stufe ist zehn Millimeter lang. Die Breite des Treppenkörpers beträgt 20 Millimeter.

Die computertomographische Messtechnik wird insbesondere für Kunststoff- und Leichtmetallkomponenten verwendet (De Chiffre et al. 2014) (Kruth et al. 2011). Daher wird jeweils eine Aluminiumlegierung gewählt, nämlich für den Stufenzylinder AlCuMgPb und für den Treppenkörper AlCuMg1 (Abbildung 4.4).

4.1.2 Taktile Referenzmessung

Die Referenzmessung der Messobjekte erfolgt mittels taktiler Koordinatenmesstechnik. Die taktil erfassten Daten dienen dabei als Referenz zur späteren Erfassung von Messabweichungen der computertomographischen Messung. Die verwendeten Referenzwerte x_{cal} sind dabei Mittelwerte aus entsprechenden Wiederholungsmessreihen mit ermittelter Unsicherheit u_{cal} der taktilen Messung (vgl. (Bartscher, Hilpert & Fiedler 2008)).

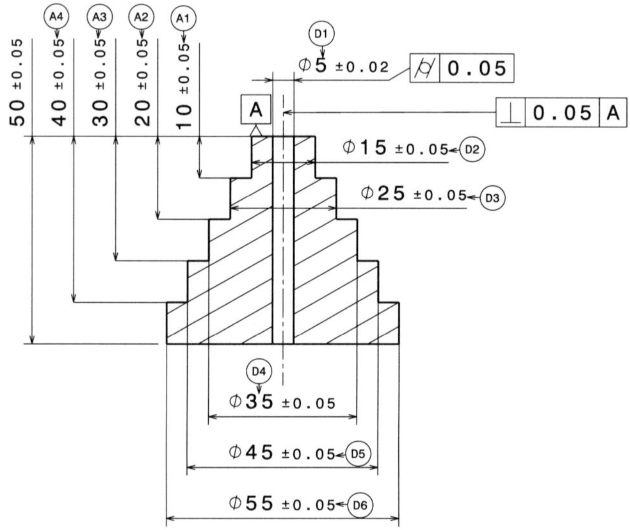

Abbildung 4.2: Technische Zeichnung des Stufenzylinders

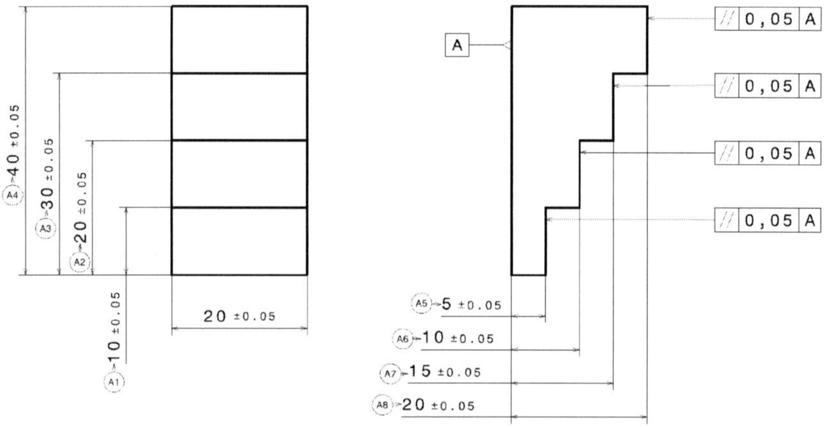

Abbildung 4.3: Technische Zeichnung des Treppenkörpers

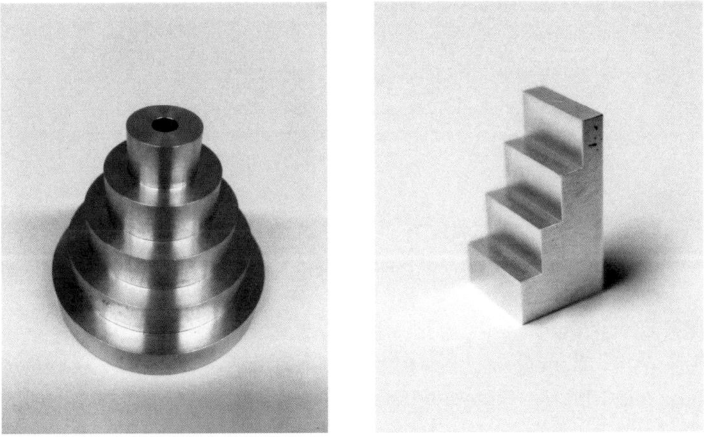

(a) (b)

Abbildung 4.4: (a) Stufenzylinder aus AlCuMgPb (b) Treppenkörper aus AlCuMg1

Eingesetzt wird das taktile Koordinatenmessgerät Zeiss O-Inspect 322. Das Koordinatenmessgerät stehen in einem temperaturgeregelten Messlabor mit einer Temperatur von 20 ± 1 °C. Während der Messung erfolgt eine Temperaturüberwachung, sodass die mittlere Temperatur t_m während der Messung zur Temperaturkompensation der jeweiligen Messergebnisse mit Größe L zur Referenztemperatur 20 °C verwendet werden kann.

Um die Vergleichbarkeit zwischen der taktilen Referenzmessung und der computertomographischen Messung zu gewährleisten, muss die Forderung nach ähnlichen Messbedingungen für die taktile Messung und die CT-Messung eingehalten werden (vgl. Kapitel 2.2). Daher wird für die taktile Messung eine möglichst dichte 3D-Oberflächenerfassung per Scanning mit einer Schrittweite von 0,01 mm gewählt, um eine angemessene Anzahl an Messpunkten zur Verfügung zu stellen, die einen Großteil der Oberfläche abdecken. Zusätzlich wird bei der Herstellung der Messobjekte auf eine hohe Oberflächengüte geachtet, um eine Verfälschung des Messergebnisses durch Oberflächenrauheit zu vermindern.

Die erreichte Oberflächengüte der verwendeten Probekörper wird mittels des Tastschnittgeräts Mahr Perthometer Concept überprüft. Nach DIN EN ISO 4288 werden 5 Einzelmessstrecken je 0,8 mm mit einer Grenzwellenlänge von 0,8 mm gewählt. Jede Messung wird an vier verschiedenen Positionen wiederholt. Der erreichte arithmetischen Mittenrauwert R_a sowie die Rautiefe R_z sind Tabelle 4.1 zu entnehmen.

Die erreichte Rauheit entspricht jeweils den üblichen Werten bei genauer Dreh- beziehungsweise Fräsbearbeitung. Sie liegt somit für beide Messobjekte so niedrig, dass kein signifikanter Einfluss der Oberflächenrauheit auf das Antastverhalten der beiden Messverfahren zu erwarten ist (vgl. auch (Salzinger, Hornberger & Hiller 2016)).

Probekörper	R_a (µm)	R_z (µm)
Stufenzylinder Aluminium	0,4	3,1
Treppenkörper Aluminium	0,9	6,0

Tabelle 4.1: Rauheit der Probekörper

Um die mechanische Filterwirkung des Tasters mit Rubinkugel möglichst gering zu halten, wird für die Treppenkörper ein Tasterdurchmesser von 1,5 mm verwendet. Bei der Messung des Stufenzylinders wird ein Tasterkugeldurchmesser von 3 mm eingesetzt. Zur Messung der Durchmesser (Zylinder) wird eine Helix-Scanningbahn verwendet. Dadurch kann der Einfluss der Winkelabweichung der Zylinderachsen auf die Messunsicherheit im Vergleich zum Scanning von einzelnen Kreisbahnen an Zylinderelementen reduziert werden (A_Schneider 2016). Die Stufen am Stufenzylinder werden jeweils mit drei Kreisbahnen in einem Abstand von 2 mm angetastet. Die Stufen am Treppenkörper werden jeweils mit einem 20 x 20 Linienraster angetastet, dessen Randabstand das 2,5-fache des Tasterradius beträgt. Für jedes Messelement werden der Tasterradius korrigiert und die Messelementeinpassung nach Gauß gewählt. Der Messablauf wird vollautomatisch CNC-gesteuert durchgeführt.

Die erweiterte Unsicherheit der Kalibriermessung U_{cal} wird gemäß der GUM-konformen Methode nach VDI/VDE 2617-11 bestimmt. Sie setzt sich aus mehreren Komponenten u_i mit jeweiligem Sensitivitätskoeffizienten c_i gemäß Tabelle 4.2 zusammen:

$$U_{cal} = k\sqrt{\sum (u_i c_i)^2} \tag{4.1}$$

Die Standardunsicherheit der nach Methode A bestimmten Komponenten entspricht der Standardabweichung der entsprechenden Wiederholmessungen (vgl. Gleichung (2.18)). Die Standardunsicherheiten der nach der Methode B bestimmten Komponenten setzen sich bei bekannten Wahrscheinlichkeitsdichteverteilungen aus ihrem Grenzwert a_{ui} und des Faktors b_{ui} für die Verteilungsform zusammen (VDI/VDE 2617-11):

$$u_i = a_{u_i} b_{u_i} \tag{4.2}$$

Die Überdeckungswahrscheinlichkeit wird mit etwa 95 % (Erweiterungsfaktor k = 2) angegeben. Für die Ermittlung der Kalibrierunsicherheit wird angenommen, dass die Einflussgrößen nicht miteinander korreliert sind.

Einflussgröße	Methode (GUM)	Messpunktanzahl/ Verteilung	Standardabweichung/ Grenze a_{ui}	Faktor für Verteilung b_{ui}	Sensitivitätskoeffizient c_i
Standardunsicherheit des Messprozesses u_p	A	Normal	Gleichung (2.18)	1	1
Unsicherheit der Abweichung des Tasterdurchmessers u_T	B	5	$A_{MPE}/3$	1	1
Unsicherheit der Abweichung des Tasterradius $u_{\Delta R_{TE}}$	B	5	$A_{MPE}/3$	0,5	1
Unsicherheit der Abweichung der Mittelpunktkoordinate des Tasters $u_{\Delta X_{TE}}$	B	5	$A_{MPE}/3$	1,12 bzw. 0,71	1
Unsicherheit der Abweichung des kalibrierten Durchmessers des Einmessnormals $u_{\Delta c}$	B	Normal	$U_{cal_N}/2$	0,5	1
Unsicherheit der Längenabweichung für die Temperaturabweichung des Werkstücks $u_{\Delta tW}$	B	Rechteck	$\Delta t_{max} + \Delta t_S$	0,58	$L\alpha$
Unsicherheit des Temperaturausdehnungskoeffizienten α_W des Werkstücks $u_{\Delta\alpha W}$	B	Rechteck	0,2 α_W	0,58	$L(t_m - 20°C)$
Unsicherheit des Temperaturausdehnungskoeffizienten α_E des Einmessnormal $u_{\Delta\alpha E}$	B	Rechteck	0,2 α_E	0,58	$L(t_m - 20°C)$
Unsicherheit aus der Längenmessabweichung des KMG $u_{E_{MPE}}$	B	Normal	L/K_{MPE}	0,5	1

Tabelle 4.2: Einflussgrößen auf die Unsicherheitsbilanz (vgl. (A_Schneider 2016))

Zur Ermittlung der Standardunsicherheit des Messprozesses u_p sind Wiederholmessungen erforderlich. Hierbei werden 20 Wiederholmessungen durchgeführt, wobei nach jeder vierten Wiederholmessung alle Vorgänge, wie Reinigen, Einspannen und Ausrichten des

Werkstücks, erneut durchgeführt werden. Zusätzlich wird der Messort innerhalb des Koordinatenmessgeräts variiert. Die Messungen werden außerdem zu unterschiedlichen Tageszeiten durchgeführt, um den Einfluss schwankender Umgebungsbedingungen zu berücksichtigen. (A_Schneider 2016)

Die Unsicherheiten der Abweichung des Tasterdurchmessers u_T für die Messung von Durchmessern beziehungsweise des Tasterradius $u_{\Delta R_{TE}}$ und der Mittelpunktkoordinate des Tasters $u_{\Delta X_{TE}}$ für die Messung von Ebenen kann aus der Längenmessabweichung des Koordinatenmessgeräts sowie der Verteilung der Messpunkte während des Einmessens nach VDI/VDE 2617-11 abgeschätzt werden.[7] Sie müssen für jedes angetastete Element einzeln berücksichtigt werden und fließen daher bei den gemessenen Abständen doppelt in die Berechnung ein. Die Abweichung des kalibrierten Durchmessers des Einmessnormals $u_{\Delta c}$ kann aus der im Kalibrierschein angegebenen erweiterten Messunsicherheit des kalibrierten Durchmessers U_{cal_N} entnommen werden. Die Standardunsicherheiten der Ausdehnungskoeffizienten $u_{\Delta\alpha W}$ und $u_{\Delta\alpha E}$ werden gemäß VDI/VDE 2617-11 mit 20 Prozent des Werts abgeschätzt. Die Unsicherheit der Temperatur $u_{\Delta tW}$ setzt sich aus der größten gemessenen Temperaturabweichung Δt_{max} und der Genauigkeit des Temperatursensors Δ_{tS} zusammen. Die Unsicherheit aus der Längenmessabweichung des Koordinatenmessgeräts $u_{E_{MPE}}$ wird gemäß VDI/VDE 2617-11 aus jeweiligen Längenmessabweichung $\mathrm{MPE_E}$ abgeschätzt. (vgl. (A_Schneider 2016))

Die Längenmessabweichung $\mathrm{MPE_E}$ setzt sich dabei aus einem konstanten Anteil A_{MPE} und einem längenabhängigen Anteil L/K_{MPE} zusammen, wobei L die gemessene Länge darstellt:

$$\mathrm{MPE_E} = A_{MPE} + L/K_{MPE} \tag{4.3}$$

Die Konstanten A_{MPE} und K_{MPE} können aus den Herstellerangaben des spezifischen Koordinatenmessgeräts entnommen werden. Die Längenmessabweichung für das eingesetzte Koordinatenmessgerät Zeiss O-Inspect 322 beträgt $\mathrm{MPE_E} = (2,4 + \mathrm{L}/150)$ µm (L in mm).

Tabellen 4.3 und 4.4 zeigen die Ergebnisse der Kalibriermessungen. Aufgrund der deutlich höheren Standardunsicherheit des Messprozesses u_p ergeben sich für den Treppenkörper höhere Messunsicherheiten als für den Stufenzylinder. Dies ist auf die verhältnismäßig kleineren Flächen zurückzuführen, wodurch die lokalen Form- und Lageabweichungen am Treppenkörper das jeweilig gemessene Maß stärker beeinflussen. Eine stichprobenartige Überprüfung der Merkmale mit hoher Standardunsicherheit mit dem Messgerät Zeiss Prismo bestätigt die Ergebnisse.

[7] Für $u_{\Delta X_{TE}}$ ist b_{u_i} abhängig von der Antastrichtung des Tasters während der Messung der Ebene. Der Wert 1,12 gilt hier nach VDI/VDE 2617-11 für eine Antastung des Elements in Schaftrichtung, der Wert 0,71 für eine Antastung senkrecht zur Schaftrichtung.

Merkmal	x_{cal} (mm)	u_p (µm)	u_T (µm)	$u_{\Delta X_{TE}}$ (µm)	$u_{\Delta R_{TE}}$ (µm)	$u_{\Delta c}$ (µm)	$u_{\Delta tW}$ (µm)	$u_{\Delta \alpha W}$ (µm)	$u_{\Delta \alpha E}$ (µm)	$u_{E_{MPE}}$ (µm)	U_{cal} (µm)
A1	40,0126	0,65	-	0,90	0,40	0,15	0,36	0,04	0,01	0,13	3,1
A2	30,0146	0,54	-	0,90	0,40	0,15	0,27	0,03	0,01	0,10	3,0
A3	20,0133	0,45	-	0,90	0,40	0,15	0,18	0,02	0,00	0,07	2,9
A4	10,0093	0,30	-	0,90	0,40	0,15	0,09	0,01	0,00	0,03	2,9
D1	5,0183	0,94	0,80	-	-	0,15	0,05	0,00	0,00	0,02	2,5
D2	14,9919	0,48	0,80	-	-	0,15	0,14	0,01	0,00	0,05	1,9
D3	24,9943	0,39	0,80	-	-	0,15	0,23	0,02	0,01	0,08	1,8
D4	34,9954	0,48	0,80	-	-	0,15	0,32	0,03	0,01	0,12	2,0
D5	44,9911	0,43	0,80	-	-	0,15	0,41	0,04	0,01	0,15	2,0
D6	54,9922	0,40	0,80	-	-	0,15	0,50	0,05	0,01	0,18	2,0

Tabelle 4.3: Ergebnisse der taktilen Kalibriermessung für Merkmale am Stufenzylinder

Merkmal	x_{cal} (mm)	u_p (µm)	$u_{\Delta X_{TE}}$ (µm)	$u_{\Delta R_{TE}}$ (µm)	$u_{\Delta c}$ (µm)	$u_{\Delta tW}$ (µm)	$u_{\Delta \alpha W}$ (µm)	$u_{\Delta \alpha E}$ (µm)	$u_{E_{MPE}}$ (µm)	U_{cal} (µm)
A1	10,0007	0,74	0,57	0,40	0,15	0,07	0,00	0,00	0,03	2,5
A2	20,0009	1,44	0,57	0,40	0,15	0,14	0,00	0,00	0,07	3,5
A3	29,9952	2,93	0,57	0,40	0,15	0,22	0,00	0,00	0,10	6,2
A4	39,9917	0,80	0,57	0,40	0,15	0,29	0,01	0,00	0,13	2,6
A5	4,9804	2,15	0,57	0,40	0,15	0,04	0,00	0,00	0,02	4,7
A6	9,9728	2,29	0,57	0,40	0,15	0,07	0,00	0,00	0,03	5,0
A7	14,9660	2,53	0,57	0,40	0,15	0,11	0,00	0,00	0,05	5,4
A8	19,9871	2,54	0,57	0,40	0,15	0,14	0,00	0,00	0,07	5,5

Tabelle 4.4: Ergebnisse der taktilen Kalibriermessung für Merkmale am Treppenkörper

4.2 Auswahl von Bildqualitätskenngrößen

Obwohl in der Bildverarbeitung und der medizinischen Computertomographie bereits Bildqualitätskenngrößen vorliegen (vgl. Kapitel 2.3), existieren bisher keine umfassenden Untersuchungen der Bildqualität von computertomographischen Einzelprojektionen. Zunächst muss daher geprüft werden, ob die beschriebenen Bildqualitätskenngrößen für die Bewertung von Einzelprojektionen geeignet sind und das tatsächlich zugeordnete Bildmerkmal mit einer ausreichenden Genauigkeit beschreiben können. Aufbauend auf den Arbeiten von Yeo et al. (1993), Batten (2000) und A_Böhmler (2016) können hierzu folgende Kriterien für die Bewertung von Bildqualitätskenngrößen definiert werden:

- *Effizienz*: Die Kenngröße muss mit einer geringen Laufzeit berechenbar sein, da sie bei der späteren automatisierten Einstellung von Aufnahmeparametern durch den Optimierungsalgorithmus in Quasi-Echtzeit zur Verfügung stehen soll.
- *Wiederholbarkeit und Reproduzierbarkeit*: Die Kenngröße soll bei ähnlichen Bildern keine starke Streuung aufweisen. Die Kenngröße muss für das beschriebene Bildmerkmal bei Scans gleicher Einstellparameter reproduzierbare Ergebnisse liefern.
- *Monotonie und Richtigkeit*: Die Kenngröße muss sich für steigende beziehungsweise sinkende Qualität des beschriebenen Bildmerkmals monoton verhalten. Die Kenngröße darf nur ein einziges Maximum beziehungsweise Minimum aufweisen, das für das Bild mit dem größten beziehungsweise kleinsten Wert des Bildmerkmals auftritt.
- *Informationsgehalt*: Die Kenngröße muss im Vergleich zu anderen Bildqualitätskenngrößen zusätzliche Informationen über die Bildqualität enthalten.

Die *Wiederholbarkeit* und *Reproduzierbarkeit* sowie die *Monotonie* und *Richtigkeit* der Kenngrößen können nur durch experimentelle Untersuchungen bestimmt werden. Diese Untersuchungen dienen ebenfalls zur Quantifizierung des jeweiligen *Informationsgehalts* der entsprechenden Kenngröße. Besonders bei den differenzenbasierten Kenngrößen unterscheiden sich viele Kenngrößen nur geringfügig, beispielsweise in der Normalisierung (vgl. Kapitel 2.3.4). Eine Berücksichtigung mehrerer ähnlicher Kenngrößen bringt daher keine neuen Informationen.

Im Folgenden werden die Effizienz der Implementierung (Kapitel 4.2.1) sowie die experimentellen Untersuchungen der Kenngrößen (Kapitel 4.2.2 und 4.2.3) und die daraus resultierende Vorauswahl der Kenngrößen näher erläutert. Alle Messungen werden mit dem Computertomographen Zeiss Metrotom 800 durchgeführt.

4.2.1 Effizienz

Die aufgenommenen Projektionen des Zeiss Metrotom 800 werden mit einem Grauwertbereich zwischen $g_{low} = 0$ und $g_{high} = 16.383$ gespeichert, da der im Gerät verbaute Detektor einen Dynamikumfang von 14 bit aufweist. Die Anzahl der zur Verfügung stehenden Pixel beträgt N_y x N_z = 1456 x 1840, wobei N_y die Anzahl der Pixel in horizontaler Richtung, und

N_z die Anzahl der Pixel in vertikaler Richtung beschreiben. Die Pixelgröße beträgt 127 x 127 µm^2. (Carl Zeiss AG 2012)

Für die Kennwertberechnung werden nur Projektionen, die bereits durch eine Detektorkorrektur korrigiert wurden, verwendet. Im Intensitätsbild des Detektors, wie in Abbildung 4.5(a) exemplarisch ersichtlich, wird der höchste Grauwert weiß, der niedrigste Grauwert g_{low} schwarz angezeigt. Zur Segmentierung der dem Objekt und der dem Hintergrund zugeordneten Projektionsbereiche wird das histogrammbasierte Verfahren nach Otsu (1975) verwendet. Hierdurch wird ein Binärbild erzeugt, das zur Lokalisation der zugeordneten Bereiche verwendet wird (Abbildungen 4.5(b) und (c)).

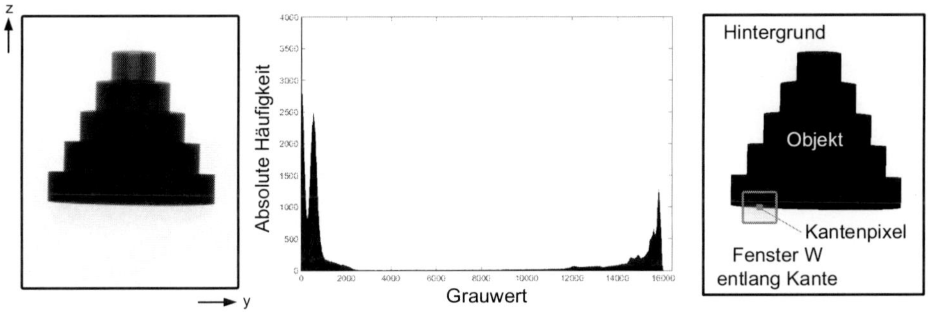

(a) Projektion *(b)* Histogramm *(c)* Binärbild

Abbildung 4.5: (a) Projektion nach Detektorkorrektur (b) dazugehöriges Grauwerthistogramm (c) Binärbild nach Segmentierung mit exemplarischem Fenster W um einen Kantenpixel

Die Kenngrößen SML und Varianz werden sowohl global als auch lokal in einer selektierten *Region of Interest* im Kantenbereich zwischen Objekt und Hintergrund berechnet. Zur lokalen Berechnung wird um jedes Kantenpixel ein quadratisches Fenster W = 17 x 17 Pixel gelegt, das das Kantenpixel sowie dessen benachbarte Pixel enthält (Abbildung 4.5(c)). Hinterher wird der Mittelwert aller Fenster berechnet und als Kenngröße ausgegeben (vgl. auch (Krämer, Kovacheva & Lanza 2015)).

Der Vorteil der ROI-basierten Auswertung liegt darin, dass lokale Änderungen ein höheres Gewicht erhalten als bei einer globalen Auswertung des gesamten Bilds. Dadurch kann beispielsweise die für die spätere Rekonstruktion und Oberflächenbestimmung besonders wichtige Kantenregion genauer untersucht werden. Nachteilig hingegen ist eine längere Laufzeit der Algorithmen.

Bildmerkmal	Gl.	Qualitätskenngröße	Implementierung	Schwellwert T
Kontrast	(2.21)	Kontrast C	global	-
Kontrast	(2.23)	Modulation M	global	-
Rauschen	(2.25)	Hintergrundrauschen σ_h	global	-
Rauschen	(2.27)	Signal-Rausch-Verhältnis SNR	global	-
Kontrast, Rauschen	(2.28)	Kontrast-Rausch-Verhältnis CNR	global	-
Bildschärfe	(2.30)	Entropie H	global	-
Bildschärfe	(2.31)	Varianz Var_{gl}, Var_l	global, lokal	-
Bildschärfe	(2.35)	Thresholded Gradient G_{th}	global	100
Bildschärfe	(2.36)	Squared Gradient G_2	global	100
Bildschärfe	(2.34)	Brenner-Funktion G_B	global	0
Bildschärfe	(2.37)	Tenengrad-Funktion G_T	global	0
Bildschärfe	(2.40)	Sum of Modified Laplacians SML_{gl}, SML_l	global, lokal	0
Bildschärfe	(2.42)	Frequenzsumme F_{th}	global	0,5 $\cdot F_{max}$
Bildschärfe	(2.49)	Vollath F_4	global	-
Bildschärfe	(2.50)	Durchschnittliche Kantenstärke W_{edge}	global	-

Tabelle 4.5: Implementierte Bildqualitätskenngrößen. F_{max} entspricht der maximal erreichbaren Frequenz im Ortsraum

Tabelle 4.5 fasst die implementierten Kenngrößen zusammen. Schwellwerte und Fenstergrößen wurden aus den Empfehlungen der Literatur abgeleitet oder in Vorversuchen im Rahmen der Arbeit von A_Böhmler (2016) festgelegt (vgl. Kapitel 2.3.4). Kontrast (Gleichung (2.21)) und Kontrastverhältnis (Gleichung (2.22)) unterscheiden sich nur durch die Addition einer Konstanten. Auf die Betrachtung des Kontrastverhältnisses wird daher verzichtet.

Schwer implementierbar sind Kenngrößen, die eine diskrete Kosinustransformation voraussetzen. Beispielsweise sind die segmentweise Berechnung der Entropie nach Gleichung (2.46) sowie die Berechnung der Kurtosis nach Gleichung (2.47) im Frequenzraum komplex und rechenzeitintensiv (vgl. (Ferzli, Girija & Ali 2010)). Daher werden diese Kenngrößen nicht berücksichtigt.

Verfahren, die eine Modellgleichung zur Analyse der Kante aufstellen, sind sicher für ein genaues Verständnis der Kantenregion hilfreich. Allerdings ist die Anwendung von Modellgleichungen nur sinnvoll, wenn punktuell Kanten untersucht werden sollen, und wenn ebenfalls die Lage des Bauteils im Strahlengang genau bekannt ist. Voruntersuchungen hierfür wurden von A_Böhmler (2016) durchgeführt. Eine Mittelung aller Modellfunktionen über ein Bild ist nur wenig aussagekräftig. Daher werden Modellfunktionen nicht betrachtet.

Ein wichtiges Kriterium bei der Berechnung der Kenngrößen ist die Effizienz. Entscheidend ist, wie sich die Laufzeit der einzelnen Berechnungsalgorithmen relativ zueinander verhält. Durch den eingesetzten Filterkernel ist die Tenengrad-Funktion die am effizientesten berechenbare Kenngröße und dient daher als Referenz. Die lokale Berechnung der Kenngrößen benötigt im Vergleich zur globalen Berechnung eine längere Laufzeit (Tabelle 4.6). Insgesamt schneidet die lokale Varianz Var_l mit großem Abstand am schlechtesten ab. Sie besitzt die höchste Laufzeit aller Kenngrößen und wird daher aus der weiteren Betrachtung ausgeschlossen, da eine Quasi-Echtzeitfähigkeit der Berechnung nicht gegeben ist.

Qualitätskenngröße	Relative Laufzeit in %	Bewertung
G_T	100,0	+
SML_{gl}	103,3	+
Var_{gl}	103,6	+
F_{th}	103,7	+
H	104,0	+
C	104,3	+
SNR	105,6	+
F_4	105,6	+
M	107,3	+
G_{th}	108,7	+
G_2	110,3	0
CNR	111,2	0
SML_l	112,0	0
G_B	112,7	0
W_{edge}	120,6	0
Var_l	744,9	-

Tabelle 4.6: Laufzeitvergleich der implementierten Kenngrößen

4.2.2 Wiederholbarkeit und Reproduzierbarkeit

Die Untersuchung der *Wiederholbarkeit* und *Reproduzierbarkeit* der Bildqualitätskenngrößen dient zur Abschätzung, wie sensitiv die Kennwerte auf zufällige Schwankungen reagieren.

Zur Überprüfung der *Wiederholbarkeit* (Wiederholpräzision) werden drei exemplarische

Messungen des Aluminium-Stufenzylinders unter Wiederholbedingungen durchgeführt (Messungen a - c) (vgl. (DIN ISO 3534-2)). Dazu wird die Position des Stufenzylinders zwischen den Messungen nicht verändert. Die CT-Scans werden vom selben Anwender direkt hintereinander ausgeführt. Der Stufenzylinder wird auf dem Drehteller in einem Neigungswinkel von circa 45° positioniert, so dass horizontale Kanten, die Feldkamp-Artefakte im 3D-Volumen hervorrufen können, vermieden werden. Die Aufnahmeparameter können Tabelle 4.7 entnommen werden.

Spannung	Strom	Integrationszeit	Vorfilter	Brennfleckgröße	Voxelgröße	Verstärkung	Anzahl Projektionen
130 kV	300 µA	1000 ms	Cu 0,5 mm	40 µm	40 µm	2,5	1550

Tabelle 4.7: Aufnahmeparameter der CT-Scans zum Test der Wiederholbarkeit und Reproduzierbarkeit

Zur Überprüfung der *Reproduzierbarkeit* werden drei Wiederholmessungen des Stufenzylinders Aluminium mit den identischen Aufnahmeparametern durchgeführt (Messungen a, d und e). Die Messungen finden zu unterschiedlichen Zeitpunkten statt. Zwischen den Messungen wird der Stufenzylinder unter Einhaltung des Neigungswinkels auf dem Drehteller neu positioniert. Dadurch sind die unter gleichen Bedingungen ermittelten Messwerte voneinander unabhängig.[8]

Die Untersuchung von *Wiederholbarkeit* und *Reproduzierbarkeit* ist insbesondere deshalb wichtig, da bei gleichen Aufnahmeparametern die Messergebnisse für die im CT-Scan gemessenen Merkmale am Messobjekt nicht stark streuen, das heißt in der Regel eine geringe Standardunsicherheit aufweisen (vgl. Tabelle 4.8 sowie beispielsweise (Krämer & Lanza 2016)).[9] Eine starke Streuung des Bildqualitätsparameters würde also die Untersuchung eines Zusammenhangs zur Messabweichung erschweren.

Für jede Messung werden alle 1.550 Projektionen auf ihre Bildqualität hin ausgewertet und der jeweilige Mittelwert der Bildqualitätskenngröße über alle Projektionen der einzelnen Messung gebildet. Als Kriterien für die Wiederholbarkeit und Reproduzierbarkeit der Bildqualitätskenngrößen wird die Streuung zwischen den Wiederholmessungen, das heißt die

[8] Es handelt sich somit nicht um die Bewertung der Vergleichspräzision (*reproducibility*), die Untersuchungen an verschiedenen Messgeräten vorschreibt, sondern um eine Untersuchung am selben Messgerät unter Zwischenbedingungen der Präzision nach DIN ISO 3534-2, das heißt unter verschiedenen Verfahrensbedingungen wie Zeitpunkt oder Aufspannung.

[9] Diese Aussage spiegelt die Erfahrung der Autorin mit dem zur Verfügung stehenden Computertomographen wieder und kann nicht auf andere CT-Systeme und Messstrategien übertragen werden.

	Messung a	Messung b	Messung c	Messung d	Messung e	u_p
A1	40,0146	40,0130	40,0138	40,0177	40,0125	2,1
A2	30,0156	30,0148	30,0151	30,0193	30,0140	2,1
A3	20,0162	20,0160	20,0160	20,0188	20,0147	1,5
A4	10,0117	10,0115	10,0117	10,0117	10,0104	0,6
D1	5,0078	5,0075	5,0070	5,0071	5,0075	0,3
D2	14,9973	14,9972	14,9975	14,9973	14,9977	0,2
D3	24,9988	24,9984	24,9987	24,9985	24,9994	0,4
D4	35,0026	35,0021	35,0026	35,0023	35,0031	0,4
D5	44,9996	44,9990	45,0000	44,9993	44,9987	0,5
D6	55,0006	55,0000	55,0005	55,0001	55,0013	0,5

Tabelle 4.8: Messergebnisse der Wiederholmessungen a - e am Stufenzylinder

Standardabweichung der jeweiligen Mittelwerte, betrachtet und durch Variationskoeffizienten ausgedrückt.

Tabelle 4.9 fasst die Ergebnisse der Untersuchung zusammen. Insgesamt zeigen sich die Kenngrößen hinsichtlich der Schwankungen zwischen den jeweiligen Messungen robust. Alle Variationskoeffizienten liegen unter 10 %. Überraschend ist die Tatsache, dass der Kontrast C mit einem Variationskoeffizienten von 9,1 % eine – im Verhältnis zu den anderen Kenngrößen – geringe Reproduzierbarkeit aufweist, wohingegen die Modulation sehr robust ist (Variationskoeffizient 0,4 %). Auch die Reproduzierbarkeit der globalen SML_{gl} fällt mit einem Variationskoeffizienten von 7,6 % schlechter aus als die der übrigen Kenngrößen.

Neben den Mittelwerten jeder Messung wird auch die Winkelabhängigkeit der Bildqualitätskenngrößen innerhalb eines Scans betrachtet. Aufgrund der Unterschiedlichkeit der Bildinhalte kommt es bei den Bildqualitätskenngrößen zu periodischen Schwankungen über die 360°-Rotation des Drehtellers (Abbildung 4.6). In Tabelle 4.9 sind daher die maximalen Abweichungen des Kennwerts vom jeweiligen Mittelwert des Einzelscans im Verlauf der Rotation angegeben. Abbildung 4.7 zeigt exemplarisch den Verlauf der gradientenbasierten Kenngröße G_T über alle Projektionen der Scans. Projektionen, die auch visuell einen Eindruck scharfer Kanten verursachen (vgl. Abbildung 4.6(a)), bewirken einen starken Anstieg bei den Kenngrößen zur Bewertung der Bildschärfe wie der Tenengrad-Funktion G_T (Abbildung 4.7(a)). Werden scharfe Kanten besonders stark gewichtet, so wie bei den Kenngrößen, die auf dem quadrierten Gradienten basieren (G_2, G_B, G_T), treten Schwankungen über 180 % auf (vgl. Kapitel 2.3.4). Kenngrößen, die sich auf die gesamten Objekt- beziehungsweise Hintergrundsegmente der Projektion beziehen, beispielsweise Kontrast, Modulation oder globale Varianz, sowie Kennwerte auf Basis des Histogramms (Entropie) sind mit Schwankungen zwischen 1,8 % (Modulation) und 31,6 % (CNR) im geringeren Maße winkelabhängig

Kenngröße	Wiederholbarkeit Variationskoeffizient (%)	Reproduzierbarkeit Variationskoeffizient (%)	Winkelabhängigkeit max. Abweichung vom Mittelwert (%)
C	1,2	9,1	19,9
M	0,1	0,4	1,8
SNR	0,3	1,7	17,4
CNR	0,1	0,8	31,6
H	1,3	3,7	11,9
Var_{gl}	0,1	1,0	3,1
G_{th}	2,0	6,6	28,0
G_2	1,4	5,0	185,7
G_B	0,8	5,8	222,1
G_T	0,6	6,6	223,5
SML_{gl}	3,1	7,6	18,6
SML_l	0,2	1,5	66,3
F_{th}	1,8	5,6	11,0
F_4	0,0	5,8	286,0
W_{edge}	0,1	1,6	38,0

Tabelle 4.9: Wiederholbarkeit und Reproduzierbarkeit sowie Winkelabhängigkeit der Bildqualitätskenngrößen

(Abbildung 4.7(b) und Tabelle 4.9).

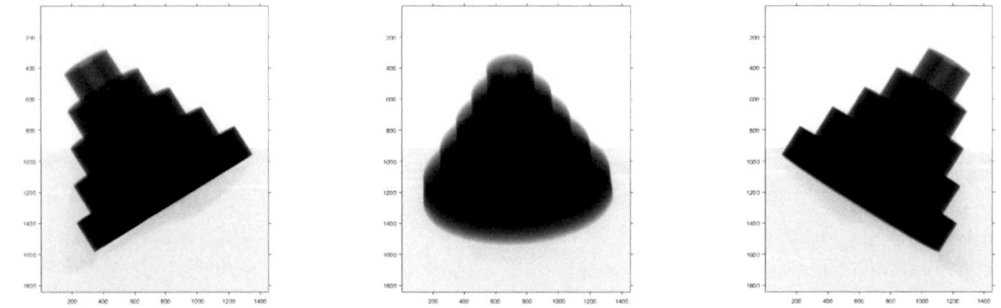

(a) Maximaler G_T bei ca. 7° Rotationswinkel

(b) Minimaler G_T bei ca. 84° Rotationswinkel

(c) Mittlerer G_T bei ca. 180° Rotationswinkel

Abbildung 4.6: Ausgewählte Projektionen in unterschiedlichen Winkelstellungen (Messung b)

Die meisten Kenngrößen eignen sich also prinzipiell zur Auswertung von computertomographischen Projektionen, da Wiederholbarkeit und Reproduzierbarkeit bei ähnlichen Messbedingungen in einem vertretbaren Rahmen schwanken. Insgesamt schneiden der Kontrast

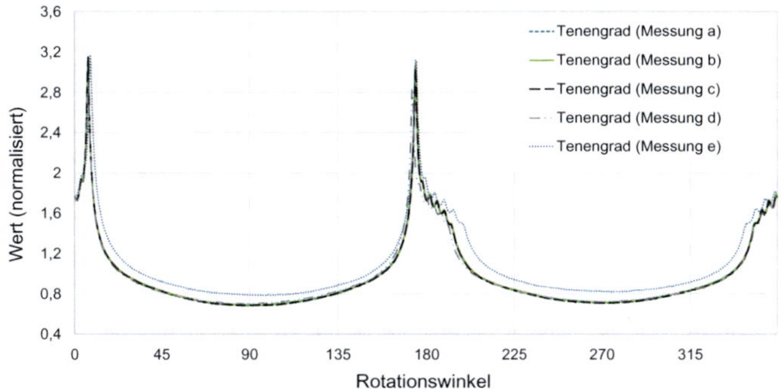

(a) Tenengrad-Funktion G_T

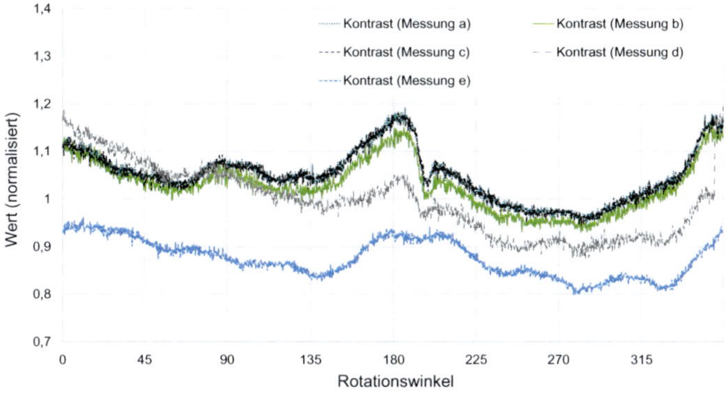

(b) Kontrast C

Abbildung 4.7: Verlauf der Bildqualitätskenngrößen über den Rotationswinkel

C und die globale SML_{gl} am schlechtesten ab. Der Kontrast wird trotzdem in der weiteren Betrachtung belassen, da er in der Literatur als Standardkenngröße zur Bewertung der Bildqualität gesehen wird (vgl. Kapitel 2.3.1 und 3.2). Die globale SML_{gl} ist eng verwandt mit den gradientenbasierten Kenngrößen. Daher ist bei einem Ausschluss dieser Kenngröße kein Informationsverlust zu erwarten. Sie wird deshalb im Weiteren nicht mehr betrachtet. Außerdem muss bei den folgenden Untersuchungen die Winkelabhängigkeit der Kenngrößen beachtet werden, um die Vergleichbarkeit der Ergebnisse zwischen unterschiedlichen Messungen zu gewährleisten.

4.2.3 Monotonie und Richtigkeit

Um das Verhalten der Bildqualitätskenngrößen unter definierten Bedingungen zu überprüfen, wird zunächst die Bildqualität von Einzelprojektionen manipuliert (Kapitel 4.2.3.1). Dazu werden Kontrast, Rauschen und Bildschärfe in mehreren Stufen simulativ angepasst. Darauf aufbauend werden Manipulationen von kompletten Scans durchgeführt und diese rekonstruiert, um den Zusammenhang zwischen Bildqualität der Einzelprojektion und der Messabweichung zu quantifizieren (Kapitel 4.2.3.2).

4.2.3.1 Manipulation von Einzelprojektionen

Bei der Manipulation von Einzelprojektionen werden in einem vollfaktoriellen Versuchsplan die einzelnen Faktoren Rauschen, Unschärfe und Kontrast gleichzeitig variiert. Als Ausgangsprojektionen dienen dabei jeweils eine von Detektor- und Ausleseeinflüssen korrigierte Projektion des Aluminium-Stufenzylinders beziehungsweise des Aluminium-Treppenkörpers (Abbildung 4.8).

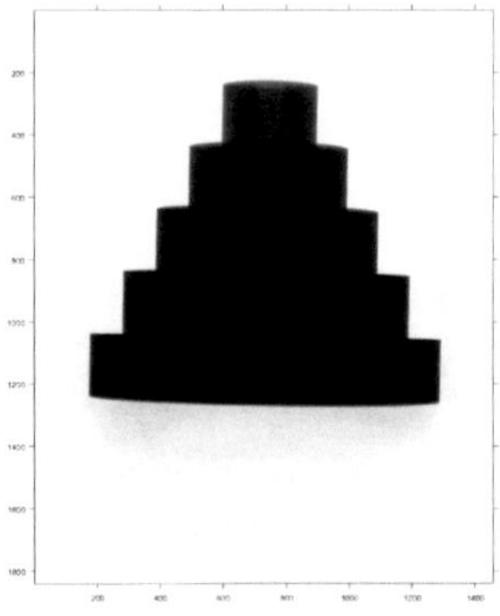

(a) Stufenzylinder

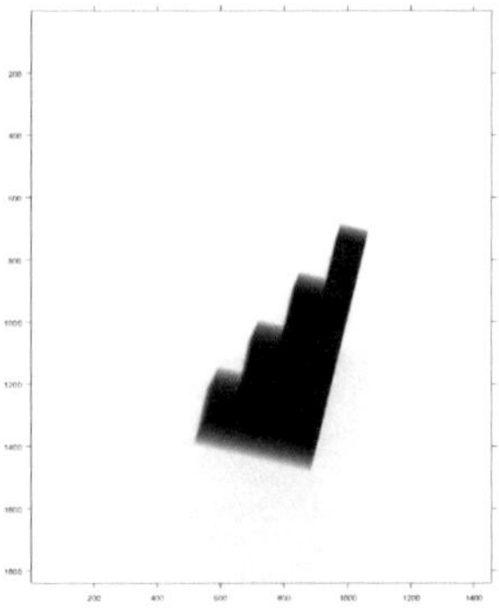

(b) Treppenkörper

Abbildung 4.8: Originalprojektionen (nach Detektorkorrektur)

Der Kontrast wird durch Histogramm-Manipulation angepasst, indem alle dem Hintergrund zugeordneten Grauwerte um einen spezifischen Betrag $n \cdot \Delta g$ verschoben werden. Dadurch verändert sich die jeweilige Verteilung der Grauwerte von Hintergrund und Objektbereich nicht.

Rauschen wird in Form von Poisson-Rauschen simuliert, das iterativ auf Basis der Originalprojektion generiert wird. Zur Simulation von steigender Unschärfe wird auf die jeweilige

Projektion ein Tiefpassfilter nach Gauß mit variierender Standardabweichung σ gelegt (vgl. (Gonzalez & Woods 2008)). Dadurch werden hohe Frequenzanteile geschwächt und es entsteht ein Eindruck von Unschärfe auf dem Bild (Steinbrecher 1993). Aufgrund der Tatsache, dass die Bildschärfe im Zusammenhang mit der Auflösung steht, wird auf eine zusätzliche Änderung der Auflösung verzichtet (vgl. (Hiller et al. 2011)).

Zunächst wird bei jeder Einzelprojektion der Kontrast um $n \cdot \Delta g$ verringert, dann ein Gauß-Filter mit entsprechender Standardabweichung σ auf die Projektion angewandt und schließlich iterativ Rauschen aufgebracht, wobei eine große Anzahl von Faktorstufen gemäß Tabelle 4.10 gewählt wird. Bei der Kontrastmanipulation werden insgesamt 16 Faktorstufen verwendet, beim Gauß-Filter 10 und beim Poisson-Rauschen 20 Faktorstufen. Somit steht ein Versuchsplan mit jeweils 16 x 10 x 20 = 3.200 Datenpunkten zur Verfügung. Beim Aluminium-Treppenkörper wird aufgrund des geringeren Ausgangskontrasts der Einzelprojektion eine Grauwertänderung Δg_{Treppe} = - 250 Graustufen gewählt, während beim Aluminium-Stufenzylinder ein Δg_{Stufe} = - 500 Graustufen möglich ist.

Bildmerkmal	Kontrast	Bildschärfe	Rauschen
Implementierung	Grauwertverschiebung	Gauß-Filterkernel	Poisson-Rauschen
Faktorstufen	$1 \leq n \leq 16; n \in \mathbb{N}$	$1 \leq \sigma \leq 10; \sigma \in \mathbb{N}$	$1 \leq m \leq 20; m \in \mathbb{N}$
Schrittweite	Δg_{Stufe} = - 500 Δg_{Treppe} = - 250	1	1 Iteration
Nebeneffekt	–	Auflösungsverlust	lokaler Kontrastverlust

Tabelle 4.10: Bildmanipulationen zur gleichzeitigen Änderung der Faktoren Kontrast, Rauschen und Bildschärfe

Abbildung 4.9 zeigt die Auswirkungen der jeweiligen Manipulationen auf das Histogramm des Treppenkörpers. In Abbildung 4.9(b) ist der Versatz der Objektgrauwerte hin zu einem niedrigeren Grauwert durch die Manipulation des Kontrasts zu erkennen ($\bar{g}_o \approx$ 9.000). Der Einfluss des Poisson-Rauschens auf das Histogramm ist deutlich ausgeprägt (Abbildung 4.9(c)). Höheres Rauschen führt zu einer starken Abflachung der Grauwertverteilungen, allerdings nur zu einer geringfügigen Vergrößerung von Objekt- und Hintergrundstreuung. Dadurch wird die Histogrammmanipulation durch das Rauschen dominiert, was sich auch im Verhalten der Kenngrößen widerspiegeln wird. Der Effekt des Gauß-Filters zur Erzeugung von Unschärfe wirkt sich im Bild lokal aus und führt nur zu geringen Veränderungen im Histogramm (Abbildung 4.9(d)).

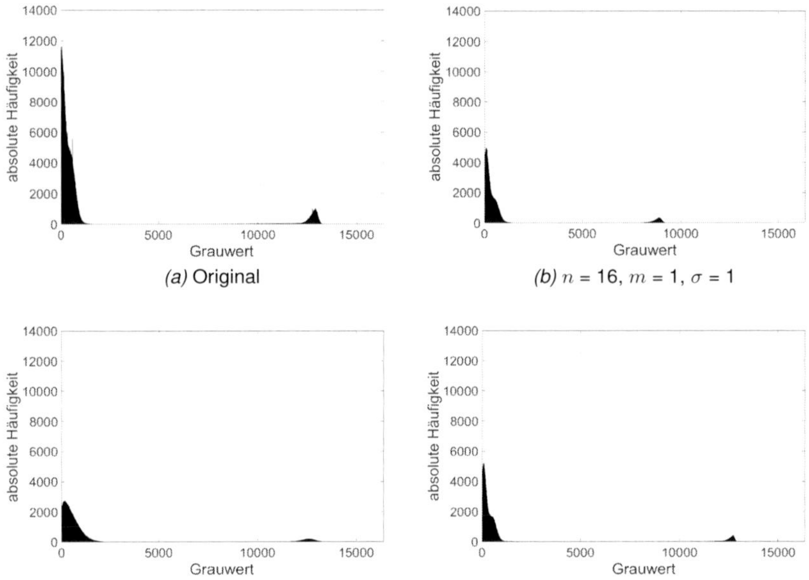

(a) Original

(b) n = 16, m = 1, σ = 1

(c) n = 1, m = 20, σ = 1

(d) n = 1, m = 1, σ = 10

Abbildung 4.9: Durch die Manipulation hervorgerufene Histogrammänderungen bei der Einzelprojektion des Treppenkörpers

Abbildungen 4.10 bis 4.13 zeigen die jeweiligen Haupteffektdiagramme des Versuchsplans. Alle Kenngrößen zur Beschreibung des Bildkontrasts, nämlich Kontrast C, Modulation M und das Kontrast-Rausch-Verhältnis CNR, reagieren fast identisch auf die Änderung der Bildqualität und nehmen mit jeweils schlechter werdenden Bildqualität monoton ab (Abbildung 4.10). Allerdings ist die Reaktion auf das zunehmende Poisson-Rauschen ähnlich stark wie auf den abnehmenden Kontrast. Dies kann dadurch erklärt werden, dass bei erhöhtem Rauschen Objekt- beziehungsweise Hintergrundpeak jeweils weniger stark ausgeprägt sind. Somit verschiebt sich der in die Berechnung der Kontrastkenngrößen einfließende mittlere Grauwert des Hintergrundbereichs $\bar{g}_h$ (vgl. Abbildung 4.9(c)). Der geringere Abfall der Kontrastkenngrößen des Treppenkörpers bei der Manipulation des Kontrasts ist auf die geringere Schrittweite Δg_{Treppe} zurückzuführen.

Besonders interessant ist die Reaktion der Kenngrößen, die laut der Literatur die Bildschärfe beschreiben können (vgl. Kapitel 2.3.4). Abbildungen 4.11 bis 4.13 zeigen die Haupteffekte für die Entropie H, die Frequenzsumme F_{th}, die differenzenbasierten Kenngrößen Var_{gl}, G_2, G_B und G_T, G_{th} und SML_l sowie die durchschnittliche Kantenstärke W_{edge}.

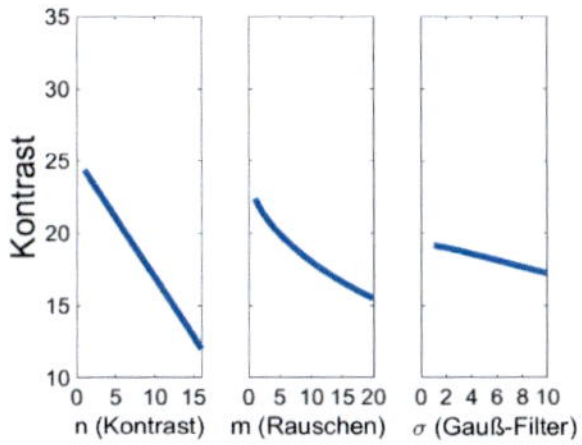

(a) Kontrast Stufenzylinder

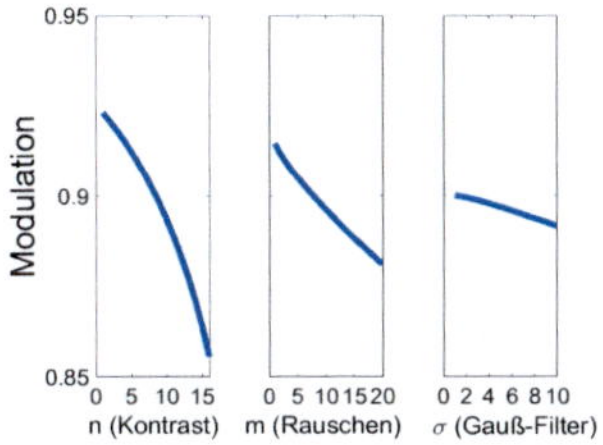

(b) Modulation Stufenzylinder

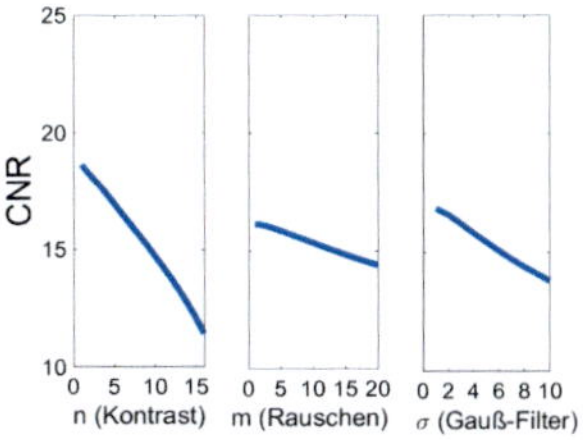

(c) CNR Stufenzylinder

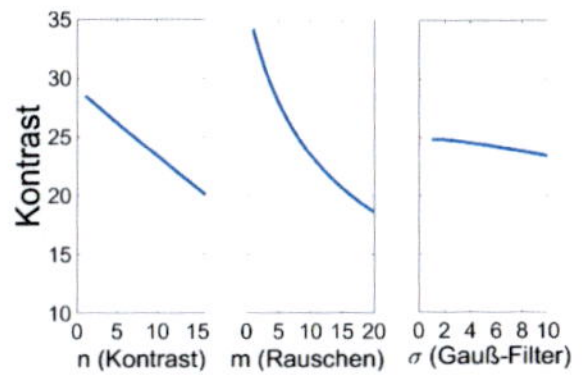

(d) Kontrast Treppenkörper

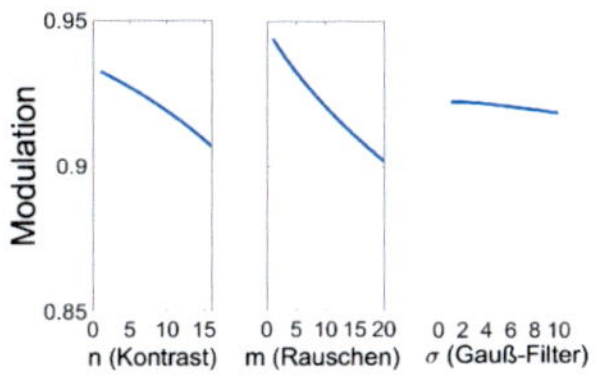

(e) Modulation Treppenkörper

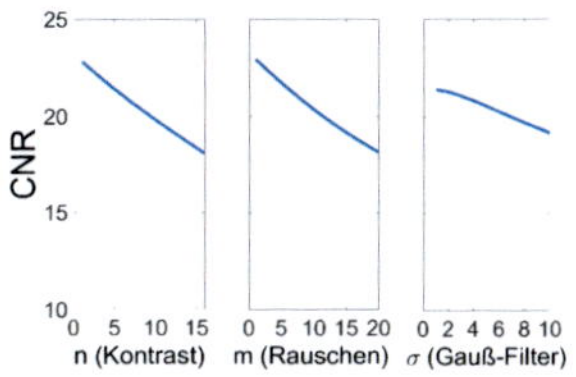

(f) CNR Treppenkörper

Abbildung 4.10: Haupteffektdiagramme der kontrastbeschreibenden Kenngrößen. Der Datensatz beginnt jeweils bei n = 1, m = 1, σ = 1.

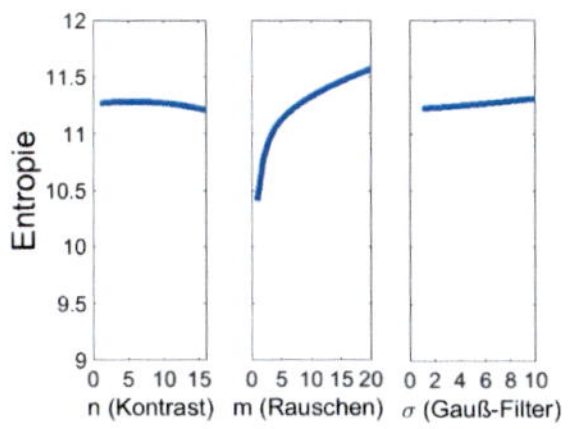

(a) Entropie Stufenzylinder

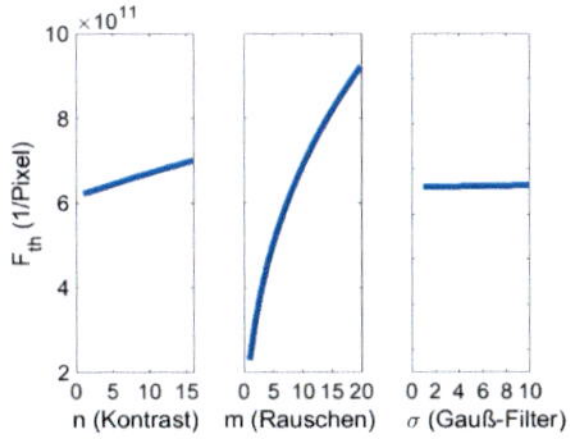

(b) F_{th} Stufenzylinder

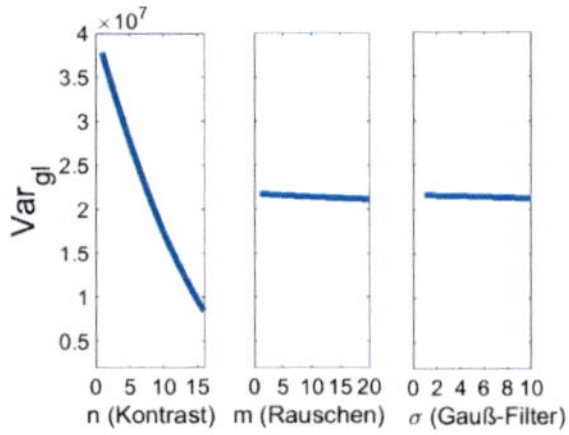

(c) Globale Varianz Stufenzylinder

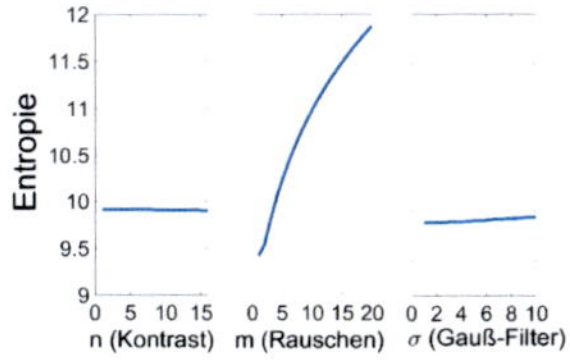

(d) Entropie Treppenkörper

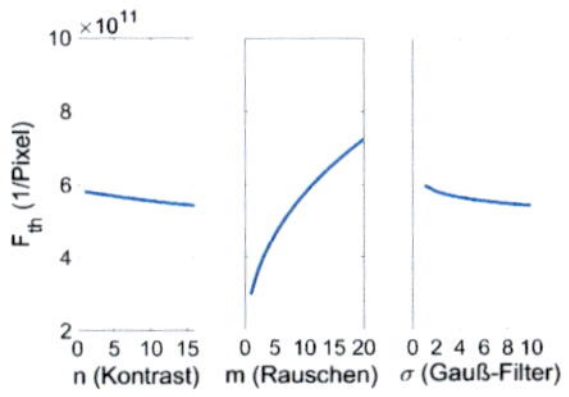

(e) F_{th}Treppenkörper

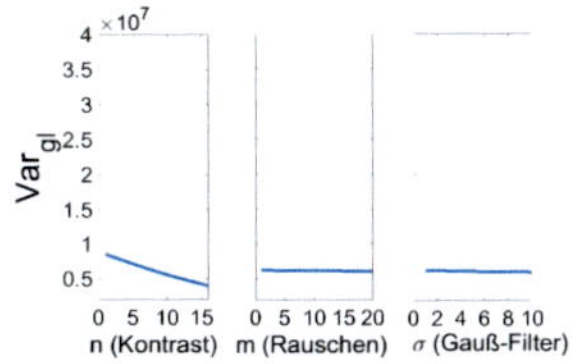

(f) Globale Varianz Treppenkörper

Abbildung 4.11: Haupteffektdiagramme von Entropie H, Frequenzsumme F_{th} und globaler Varianz Var_{gl}. Der Datensatz beginnt jeweils bei n = 1, m = 1, σ = 1.

Die Entropie H reagiert vor allem auf das zunehmende Rauschen, da dieses wie oben beschrieben für eine Veränderung der Grauwertverteilung verantwortlich ist (Abbildung 4.9). Entgegen den Annahmen der Literatur nimmt die Entropie mit zunehmender Unschärfe (steigendem σ des Gauß-Filters) zu statt ab. In der Reaktion auf den Kontrast beim Stufenzylinder weist sie ein schwach nichtmonotones Verhalten auf (Abbildung 4.11(a)), indem zunächst ein Anstieg und dann ein leichter Abfall der Entropie erfolgt. Aufgrund ihres nichtmonotonen Verhaltens ist die Entropie daher nicht zur Beschreibung der Bildqualität geeignet.

Die Frequenzsumme F_{th} wiederum steigt mit zunehmendem Rauschen aufgrund der Zunahme an höheren Ortsfrequenzen (Abbildungen 4.11(b) und (e)). Auffällig ist, dass sie sich mit abnehmendem Kontrast bei den beiden Messobjekten gegensätzlich verhält. Beim Stufenzylinder nimmt die Frequenzsumme mit abnehmenden Kontrast zu, während sie beim Treppenkörper abfällt. F_{th} ist daher aufgrund ihrer großen Abhängigkeit vom Messobjekt nicht zur einer allgemeingültigen Beurteilung der Bildqualität geeignet.

Abbildungen 4.11(c) und (f) zeigen, dass die globale Varianz Var_{gl} sich nicht wie erwartet zur Beschreibung der Bildschärfe, wohl aber sehr gut zur Beschreibung der Kontraständerung eignet, da sie durch Rauschen und Unschärfe kaum beeinflusst wird.

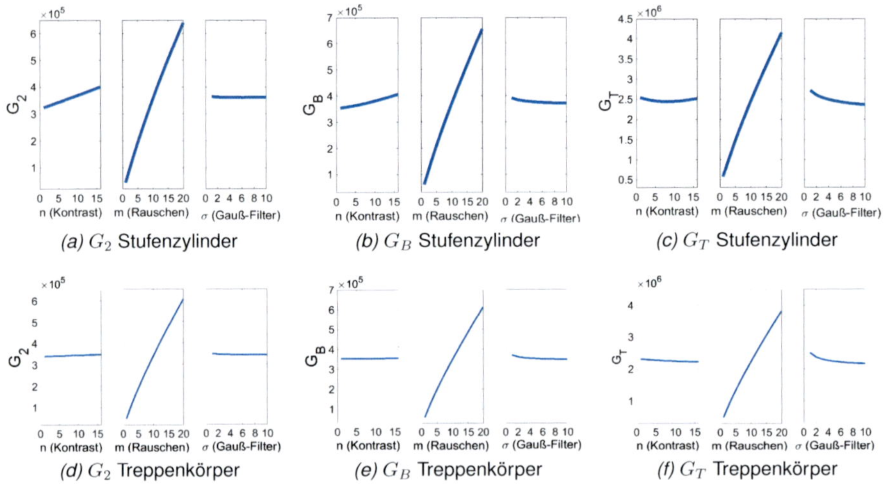

(a) G_2 Stufenzylinder (b) G_B Stufenzylinder (c) G_T Stufenzylinder

(d) G_2 Treppenkörper (e) G_B Treppenkörper (f) G_T Treppenkörper

Abbildung 4.12: Haupteffektdiagramme der gradientenbasierten Kenngrößen. Der Datensatz beginnt jeweils bei n = 1, m = 1, σ = 1.

Die gradientenbasierten Kennwerte sind in Abbildungen 4.12 und 4.13 gezeigt. Diese reagieren durchweg vor allem auf Rauschen, wobei der Kontrast und Bildschärfe ebenfalls einen – wenn auch deutlich geringeren – Einfluss haben. Der quadrierte Gradient G_2 und die Brenner-Funktion G_B verhalten sich fast identisch. Bei der Brenner-Funktion G_B wird für die Berechnung des quadrierten Gradienten die Schrittweite n = 2 in Formel (2.36) gewählt (vgl. Kapitel 2.3.4). Eine damit verbundene Rauschfilterung, wie in der Literatur angegeben, lässt sich allerdings in den Ergebnissen der Brenner-Funktion nicht erkennen. Aufgrund dessen wird sie von der weiteren Betrachtung ausgeschlossen, da sie im Vergleich zum quadrierten Gradienten G_2 keine zusätzlichen Informationen bietet und im Laufzeitvergleich schlechter als dieser abschneidet (vgl. Tabelle 4.6).

Die Tenengrad-Funktion G_T zeigt sich als nicht geeignet für die Beschreibung der Bildqualität, da ihre Reaktion auf die Kontraständerung beim Stufenzylinder nicht monoton ist. G_T verhält sich zunächst fallend, danach steigend.

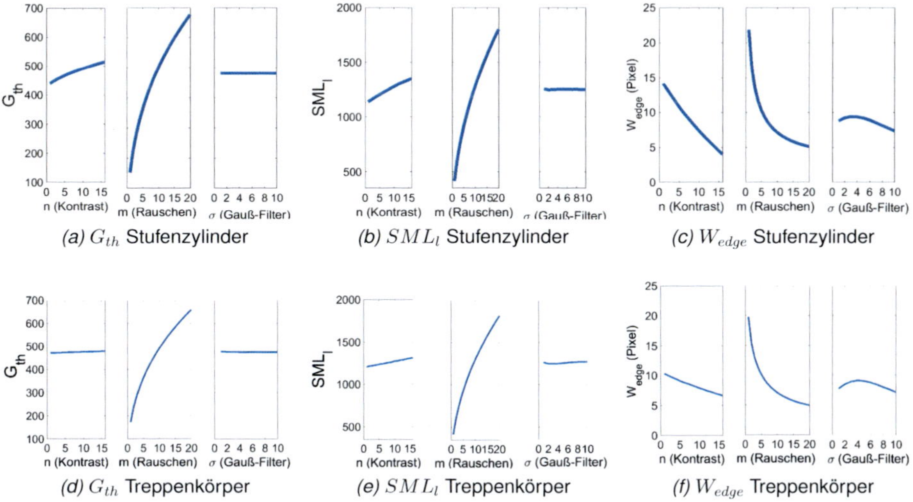

(a) G_{th} Stufenzylinder (b) SML_l Stufenzylinder (c) W_{edge} Stufenzylinder

(d) G_{th} Treppenkörper (e) SML_l Treppenkörper (f) W_{edge} Treppenkörper

Abbildung 4.13: Haupteffektdiagramme des Gradienten G_{th}, der lokalen Sum of Modified Laplacians SML_l und der durchschnittlichen Kantenstärke W_{edge}. Der Datensatz beginnt jeweils bei n = 1, m = 1, σ = 1.

Der Gradient mit Schwellwert G_{th} und die Kenngröße SML_l zeigen ein ähnliches Verhalten (Abbildung 4.13). Allerdings führt die lokale Berechnung der SML_l zu stärkeren Schwankungen. Bei zunehmender Unschärfe sind zunächst ein Abfall und dann ein Anstieg der SML_l zu sehen (nichtmonotones Verhalten). Dies kann durch Schwankungen bei der Lokalisierung der Kantenpixel aufgrund des zur Kantendetektion angewandten Otsu-Verfahrens erklärt werden (vgl. Kapitel 4.2.1).

Auch die Kantenstärke W_{edge} basiert zunächst auf einer Binarisierung der Originalprojektion und einer darauffolgenden Kantenerkennung im Binärbild. Hierdurch kann es ebenfalls zu Ungenauigkeiten bei der Lokalisation der Kante kommen, die das nichtmonotone Verhalten bei zunehmender Unschärfe verursachen (Abbildungen 4.13(c) und (f)). Lokale SML_l und Kantenstärke W_{edge} bieten also im Vergleich zu anderen Kenngrößen keine zusätzlichen Informationen, sondern bergen jeweils eine größere Unsicherheit in der Kennwertbestimmung sowie verhältnismäßig hohe Laufzeiten (vgl. Tabelle 4.6). Daher werden diese Kenngrößen nicht weiter betrachtet.

Der autokorrelationsbasierte Kennwert F_4 und das Signal-Rausch-Verhältnis SNR sind in Abbildung 4.14 abgebildet. F_4 wird von allen drei Manipulationen beeinflusst, am stärksten vom Gauß-Filter. Betrachtet man außer den Haupteffekten die Reaktion des Kennwerts bei $\sigma = 1$ zeigt allerdings sowohl beim Stufenzylinder als auch beim Treppenkörper stark nichtmonotones Verhalten bei Kontraständerung (Abbildung 4.15).

Das Signal-Rausch-Verhältnis SNR verhält sich bei beiden Messobjekten sehr unterschiedlich. Dies kann dadurch erklärt werden, dass sich das SNR im Gegensatz zum CNR gemäß Formel (2.27) aus dem Verhältnis von Signalintensität und Objektrauschen σ_o berechnet. Da in einer Einzelprojektion die Verteilung der Objektgrauwerte allerdings stark vom abgebildeten Objekt abhängt, wirkt sich dies dementsprechend auf den Wert des SNR aus. Das SNR ist also nicht als Kenngröße geeignet.[10]

[10] Eine alternative Berechnung der SNR auf Basis des Hintergrundrauschen σ_h wäre prinzipiell möglich (vgl. Kapitel 2.3.3), würde allerdings analog zur CNR verlaufen und keine neuen Erkenntnisse liefern.

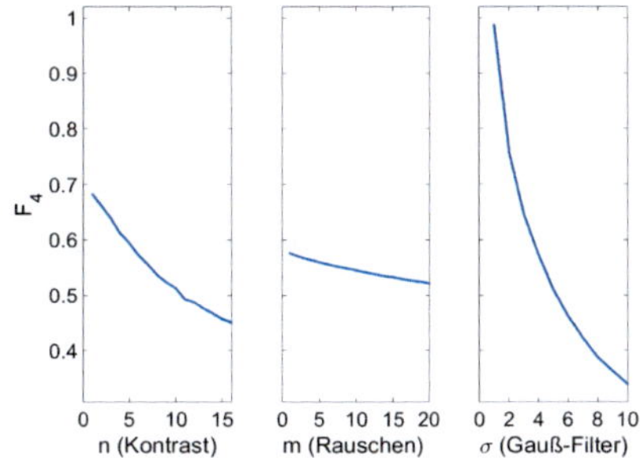

(a) F_4 Stufenzylinder

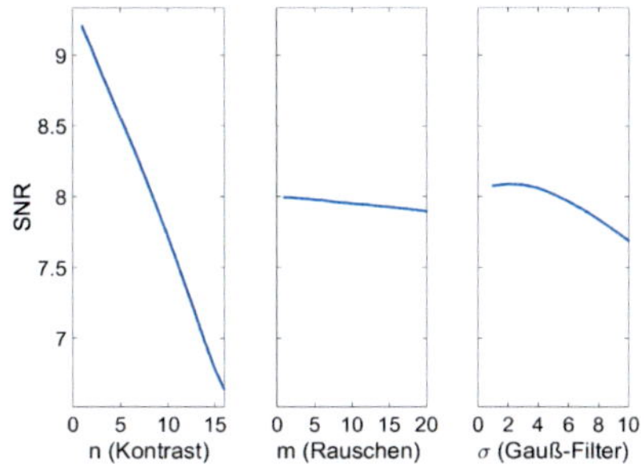

(b) SNR Stufenzylinder

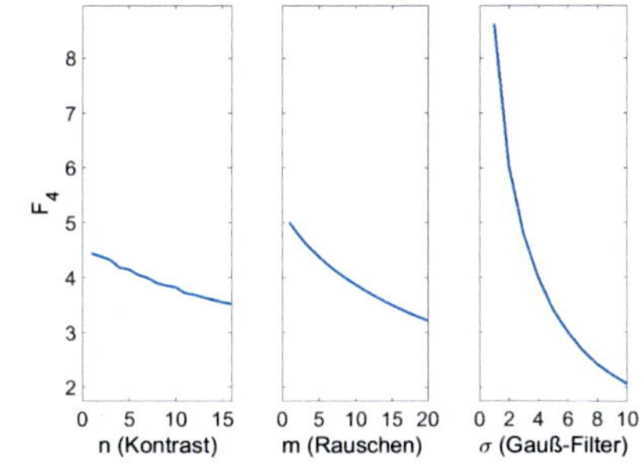

(c) F_4 Treppenkörper

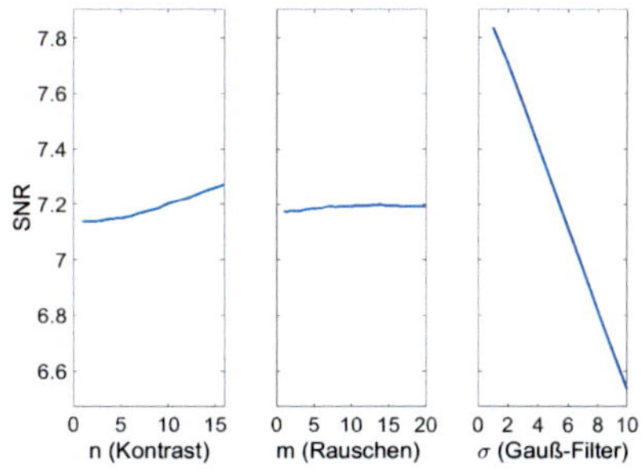

(d) SNR Treppenkörper

Abbildung 4.14: Haupteffektdiagramme der Kenngrößen F_4 und SNR. Der Datensatz beginnt jeweils bei n = 1, m = 1, σ = 1.

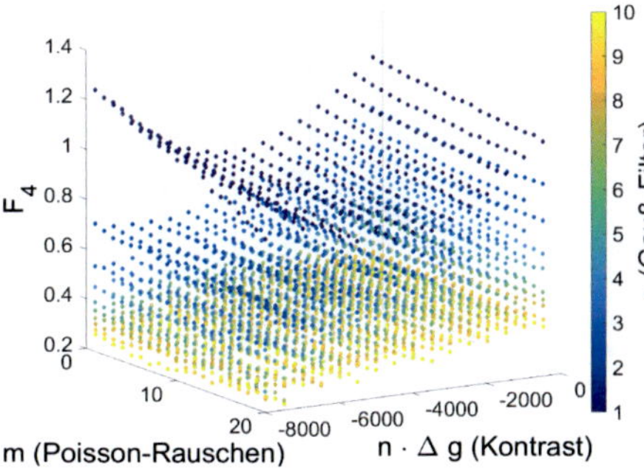

(a) F_4 Stufenzylinder

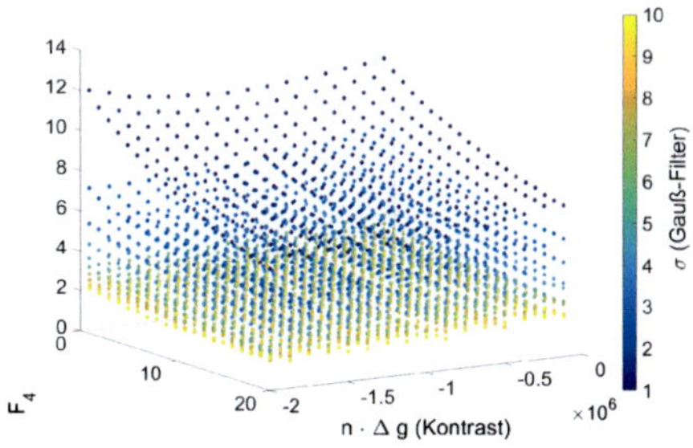

(b) F_4 Treppenkörper

Abbildung 4.15: 4D-Plot von F_4

Zusätzlich zur visuellen Analyse der Haupteffekte werden die Monotonie und Richtigkeit des Verhaltens der einzelnen Kenngrößen überprüft. Hierzu werden der lineare Zusammenhang nach Pearson sowie der monotone Zusammenhang nach Kendall zwischen den einzelnen Kenngrößen und den veränderten Bildmerkmalen Kontrast, Rauschen und Bildschärfe untersucht. Nehmen der lineare Korrelationskoeffizient ρ_p nach Pearson beziehungsweise der Rangkorrelationskoeffizient τ nach Kendall einen Wert $\geq$ 0,8 an, so beschreibt dies eine starke Korrelation. Dementsprechend ist bei 0,5 $< \rho_p, \tau <$ 0,8 von einer mittleren und bei $\rho_p <$ 0,5 beziehungsweise $\tau <$ 0,5 von einer schwachen Korrelation auszugehen. (vgl. (Cleff 2015))

Tabellen 4.11 und 4.12 geben einen Überblick über die getesteten Parameter. Die Ergebnisse der Korrelationsanalyse zeigen, dass Kontrast C und Modulation M abhängig vom Bildinhalt unterschiedliche Ergebnisse liefern. So sind beim Stufenzylinder C und M stark mit dem Kontrast korreliert, während beim Treppenkörper die Korrelation mit dem Rauschen überwiegt. Das CNR reagiert zwar etwas stärker auf die Änderung des Kontrasts, allerdings ist hier ebenfalls keine starke Korrelation mit dem Kontrast vorhanden. Im Gegensatz dazu weist die globale Varianz Var_{gl} bei beiden Projektionen eine eindeutige Korrelation mit dem Bildmerkmal Kontrast auf. Sie wird daher weiter zur Beschreibung des Kontrasts verwendet, während C, M und CNR verworfen werden.

Alle differenzenbasierten Kenngrößen sowie F_{th} verhalten sich nahezu identisch. Entgegen den Erkenntnissen der Literatur reagieren diese kaum auf eine Änderung der Bildschärfe mittels eines Gauß-Filters. Dies liegt daran, dass Rauschen zu einer Erhöhung von lokalen Gradienten führt und daher als Störgröße bei der Bewertung der Bildschärfe auftritt. Aufgrund des korrelierten Verhaltens werden im Weiteren nur noch G_{th} und G_2 als Kenngrößen betrachtet. Bei beiden Kenngrößen können Schwellwerte implementiert werden, die hochfrequentes Rauschen unterdrücken sollen (vgl. Kapitel 2.3.4). Dazu werden in Kapitel 4.2.3.2 weitere Untersuchungen durchgeführt.

Als einzige Kenngröße zeigt F_4 eine starke Korrelation mit der Unschärfe im Bild, weist aber auch nichtmonotones Verhalten auf und ist deshalb nicht zur Bewertung der Bildqualität geeignet.

Aufgrund ihres aus der Analyse der Haupteffekte ersichtlichen, nichtmonotonen Verhaltens werden G_T, SML_l, F_4, W_{edge} und die Entropie H trotz zum Teil positiver Korrelationen ebenfalls nicht weiter berücksichtigt. Auch das SNR scheidet aus, da es sich in Abhängigkeit vom Messobjekt unterschiedlich verhält.

Somit werden die gradientenbasierten Kenngrößen G_{th} und G_2 sowie die globale Varianz Var_{gl} weiter verfolgt.

Name	Kontrast		σ Gauß-Filter		Rauschen	
	ρ_p	τ	ρ_p	τ	ρ_p	τ
C	**0,87**	0,72	-0,14	-0,09	-0,45	-0,30
M	**0,88**	0,72	-0,12	-0,09	-0,43	-0,30
CNR	**0,86**	0,72	-0,40	-0,27	-0,22	-0,14
W_{edge}	0,56	0,52	-0,10	-0,14	-0,65	*-0,46*
H	0,06	0,06	0,10	0,09	**0,89**	**0,90**
G_{th}	-0,15	-0,13	*0,00*	*0,00*	**0,96**	**0,90**
G_2	-0,13	-0,10	*0,00*	*-0,01*	**0,99**	**0,92**
G_B	-0,09	-0,06	*-0,03*	-0,03	**0,99**	**0,94**
G_T	*0,00*	*0,00*	-0,09	-0,07	**0,99**	**0,93**
F_{th}	0,12	0,11	*0,01*	*0,01*	**0,97**	**0,92**
F_4	0,34	0,30	**-0,85**	-0,73	-0,08	*-0,05*
Var_{gl}	**0,99**	**0,97**	*-0,01*	*-0,02*	*-0,02*	-0,04
SML_l	-0,16	-0,13	*0,00*	*0,00*	**0,97**	**0,89**
SNR	**0,98**	**0,90**	-0,16	-0,11	-0,04	-0,03

Tabelle 4.11: Ergebnisse der Korrelationsanalyse für die Projektion des Stufenzylinders. Fett dargestellte Werte stellen eine starke Korrelation dar. Kursiv dargestellte Werte sind mit $p >$ 0,05 nicht signifikant.

Name	Kontrast		σ Gauß-Filter		Rauschen	
	ρ_p	τ	ρ_p	τ	ρ_p	τ
C	0,49	0,36	-0,09	-0,06	**-0,83**	-0,66
M	0,52	0,36	-0,09	-0,06	**-0,84**	-0,66
CNR	0,66	0,48	-0,34	-0,23	-0,66	-0,48
W_{edge}	0,27	0,24	-0,08	-0,18	**-0,80**	-0,67
H	*0,01*	*0,01*	*0,05*	*0,05*	**0,98**	**0,97**
G_{th}	*-0,02*	-0,04	*0,00*	*-0,01*	**0,98**	**0,97**
G_2	*-0,02*	-0,03	*-0,01*	*-0,02*	**1,00**	**0,97**
G_B	*-0,00*	*-0,01*	*-0,03*	-0,04	**1,00**	**0,97**
G_T	*0,03*	*0,02*	-0,09	-0,07	**0,99**	**0,95**
F_{th}	0,10	0,07	-0,13	-0,09	**0,97**	**0,91**
F_4	0,14	0,14	**-0,85**	-0,79	-0,25	-0,19
Var_{gl}	**1,00**	**0,97**	-0,05	-0,04	-0,04	-0,03
SML_l	-0,08	-0,07	*0,02*	*0,01*	**0,98**	**0,94**
SNR	-0,10	-0,07	**-0,99**	**-0,94**	*0,01*	*0,01*

Tabelle 4.12: Ergebnisse der Korrelationsanalyse für die Projektion des Treppenkörpers. Fett dargestellte Werte stellen eine starke Korrelation da. Kursiv dargestellte Werte sind mit $p >$ 0,05 nicht signifikant.

4.2.3.2 Simulation von Scans mit veränderter Bildqualität

Bisher wurden nur einzelne Projektionen simulativ verändert. Im nächsten Schritt wird überprüft, wie sich eine Veränderung der Bildqualität aller Projektionen eines Scans auf das Messergebnis auswirkt. Da die Detektorkorrektur im Rahmen der Rekonstruktion erfolgt, wobei korrigierte Projektionen erzeugt werden, werden die Bildmanipulationen auf unkorrigierten Projektionen ausgeführt. Die Auswertung der resultierenden Bildqualität geschieht wiederum auf den korrigierten Projektionen, da im unkorrigierten Fall die Rauschbeiträge des Detektors die Bildqualität stark beeinflussen und die Ergebnisse verfälschen würden (vgl. Kapitel 2.3.3). Zusätzlich wird das 3D-Volumen ausgewertet. Abbildung 4.16 verdeutlicht das Vorgehen zur Bewertung der manipulierten Scans.

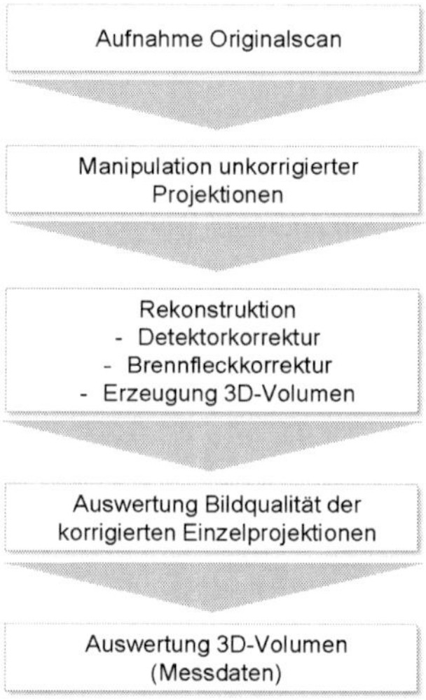

Abbildung 4.16: Vorgehen zur Bewertung manipulierter Scans

Als Originalscans werden jeweils eine CT-Messung des Aluminium-Stufenzylinders beziehungsweise des Aluminium-Treppenkörpers mit den in Tabelle 4.13 zusammengefassten Aufnahmeparametern durchgeführt. Beide Bauteile werden geneigt, um horizontale Flächen während der CT-Messung zu vermeiden. (A_Baumann 2017)

Die durchgeführten Manipulationen zur Erzeugung von Unschärfe beziehungsweise Rauschen sind in Tabelle 4.14 zusammengefasst. Abbildung 4.17 zeigt, dass eine Manipulation des Kontrasts aufgrund des starken Strukturrauschens nicht durchgeführt werden kann, da eine klare Trennung der Grauwerte von Hintergrund und Objekt bei unkorrigierten Projektionen

Mess-objekt	Spannung	Strom	Integra-tionszeit	Gain	Projektionen
Stufen-zylinder	130 kV	300 µA	1000 ms	2,5	1550
Treppen-körper	102 kV	162 µA	1000 ms	2,5	1550

Tabelle 4.13: Aufnahmeparameter der Originalscans

Bildmerkmal	Rauschen	Bildschärfe
Implementierung	Poisson-Rauschen	Gauß-Filterkernel
Bereich	5 Iterationen	$0{,}1 \leq \sigma \leq 5$
Schrittweite	1	0,1 (bis σ = 2) beziehungsweise 1 (bis σ = 5)

Tabelle 4.14: Bildmanipulationen

(a) Originalprojektion vor Detektorkorrektur

(b) Manipulierte Projektion mit verstärktem Strukturrauschen

Abbildung 4.17: Verstärktes Strukturrauschen durch Kontrastmanipulation (A_Baumann 2017)

nicht möglich ist. Dadurch kann eine Rekonstruktion der manipulierten Einzelprojektionen zu einem 3D-Volumen nicht durchgeführt werden. (A_Baumann 2017)

Auswertung der Bildqualitätskenngrößen der korrigierten Einzelprojektionen

Aufgrund der Tatsache, dass die gradientenbasierte Bildqualitätskenngrößen eine Abhängigkeit vom Bildinhalt aufweisen, werden zunächst typische Winkelbereiche der durchgeführten CT-Scans als ROIs ausgewählt und für die nachfolgende Analyse der Bildqualität verwendet. Hierbei handelt es beim Stufenzylinder um die seitliche Ansicht sowie die Frontalprojektion (Abbildung 4.18). Am Treppenkörper werden ebenfalls zwei entsprechende Winkelbereiche identifiziert (Abbildung 4.19). Da sich die Projektionen während eines Scans je einmal spiegelverkehrt wiederholen, werden jeweils zwei entsprechende Winkelbereiche ausgewertet. Es ist zu erwarten, dass sich die jeweils zugehörigen ROIs nur geringfügig unterscheiden. In jeder ROI werden jeweils 60 Projektionen evaluiert.

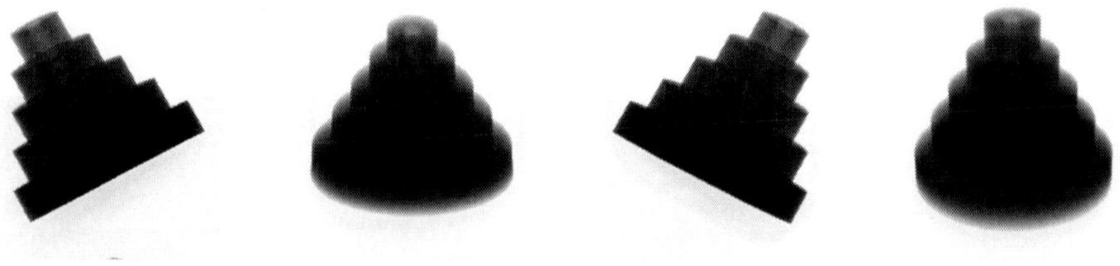

(a) ROI 1 *(b)* ROI 2 *(c)* ROI 3 *(d)* ROI 4

Abbildung 4.18: Exemplarische Projektionen des Stufenzylinders in den ausgewählten Regions of Interest

(a) ROI 1 *(b)* ROI 2 *(c)* ROI 3 *(d)* ROI 4

Abbildung 4.19: Exemplarische Projektionen des Treppenkörpers in den ausgewählten Regions of Interest

Betrachtet man den Einfluss der durchgeführten Bildmanipulationen auf das Histogramm einer exemplarischen Einzelprojektion des Stufenzylinders, so zeigt sich – wie in den vorhergehenden Untersuchungen – eine Abnahme der Grauwertpeaks bei ungefähr gleichbleibender

Streuung der Grauwerte mit zunehmendem Rauschen (Abbildung 4.20(b)). Dahingegen sind bei erhöhter Unschärfe nur geringe Änderungen in der Grauwertverteilung im Vergleich zur Originalprojektion ersichtlich (Abbildung 4.20(c)).

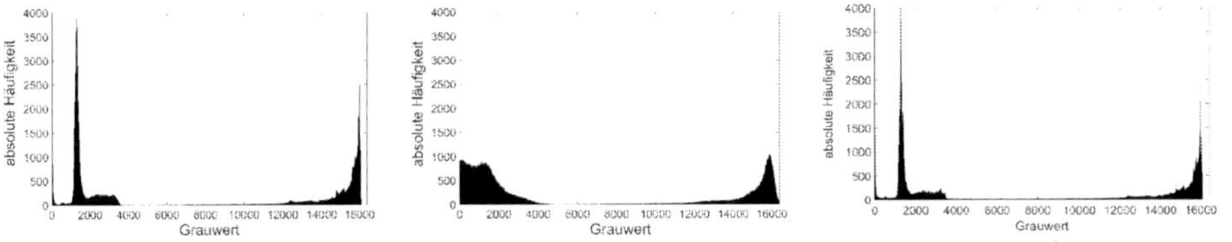

(a) Originalprojektion *(b)* 10 Rauschiterationen *(c)* $\sigma = 5$

Abbildung 4.20: Einfluss der Bildmanipulationen auf das Histogramm einer Einzelprojektion aus ROI 1 des Stufenzylinders nach A_Baumann 2017

In Abbildung 4.21 ist der Grauwertverlauf in einem horizontalen Schnitt durch eine Projektion des Treppenkörpers aus ROI1 bei zunehmendem Rauschen abgebildet. Bereits in der Originalprojektion ist ein recht hohes Rauschen zu erkennen (Abbildung 4.21(a)). Bei der ersten Rauschiteration entstehen Grauwertschwankungen benachbarter Pixel von $\Delta g \approx 500$ (Abbildung 4.21(b)), nach fünf Iterationen sogar bis zu 5.000 (Abbildung 4.21(c)). Dieses Rauschen pflanzt sich bis ins 3D-Volumen fort und erschwert bereits nach einer einzigen Rauschiteration die Auswertung. Basierend auf Erfahrungswerten tritt ein solch hohes Rauschen in der Regel in einem realen Scan allerdings nicht auf.

Anders verhält es sich mit dem Stufenzylinder. Hier ist in der Originalprojektion aus ROI1 deutlich weniger Rauschen zu beobachten, so dass selbst nach fünf Iterationen des Poisson-Rauschens geringere lokale Gradienten auftreten als beim Treppenkörper nach nur einer Iteration (Abbildung 4.22).

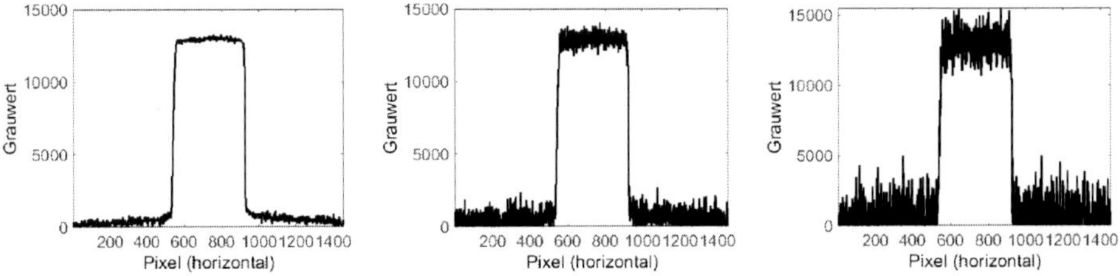

(a) Original *(b)* 1 Rauschiteration *(c)* 5 Rauschiterationen

Abbildung 4.21: Exemplarischer Grauwertverlauf bei zunehmendem Rauschen auf der untersuchten Projektion aus ROI 1 des Treppenkörpers

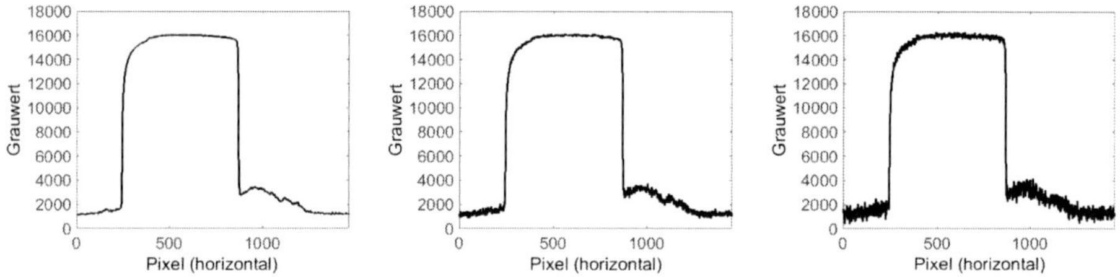

(a) Original *(b)* 1 Rauschiteration *(c)* 5 Rauschiterationen

Abbildung 4.22: Exemplarischer Grauwertverlauf bei zunehmendem Rauschen auf der untersuchten Projektion aus ROI 1 des Stufenzylinders

Die vorhergegangenen Untersuchungen an Einzelprojektionen haben gezeigt, dass Rauschen einen sehr starken Einfluss auf die gradientenbasierten Kenngrößen hat, während Unschärfe zu einer geringeren Reaktion dieser Bildqualitätskenngrößen führt.

Die Berechnung der gradientenbasierten Kenngrößen erfolgte gemäß Gleichungen (2.35) und (2.36). Dabei wurden alle Gradienten oberhalb eines bestimmten Schwellwerts T = 100 aufsummiert (vgl. Tabelle 4.5). Die Analyse der Kantenregionen zeigt jedoch, dass die durch das Rauschen hervorgerufenen Gradienten deutlich größer als der bestimmte Schwellwert sind.

Daher werden zur Neuberechnung des Gradienten nun alle lokalen Gradienten über einem neuen Schwellwert T aufsummiert. Dazu wird anhand der gezeigten Projektionen der jeweils ersten ROI des Stufenzylinders und des Treppenkörpers die Auswirkung der Schwellwerthöhe auf die gradientenbasierten Kenngrößen G_{th} und G_2 untersucht. Die Untersuchung der Kenngrößen wird mit den in Tabelle 4.15 notierten Schwellwerten durchgeführt.

Nr.	1	2	3	4	5	6
G_{th}	200	500	1.000	1.500	2.000	3.000
G_2	200^2	500^2	$.1000^2$	1.500^2	2.000^2	3.000^2

Tabelle 4.15: Gewählte Schwellwerte

Abbildung 4.23 zeigt die Reaktion der gradientenbasierten Kenngrößen auf zunehmendes Rauschen in Abhängigkeit vom jeweiligen Schwellwert. Eine wirkungsvolle Rauschunterdrückung bis zur zweiten Rauschiteration ist in der Projektionen des Stufenzylinders ab einem Schwellwert von 1.000 (G_{th}) beziehungsweise 1.000^2 (G_2) zu erkennen. Beim Treppenkörper ist aufgrund des deutlich höheren Anfangsrauschens der Originalprojektion erst ein Schwellwert von 3.000 (G_{th}) beziehungsweise 3.000^2 (G_2) ausreichend (vgl. Abbildung 4.21).

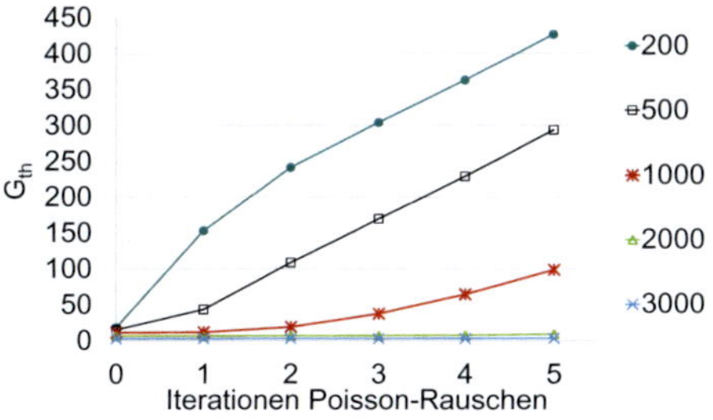

(a) G_{th} Stufenzylinder

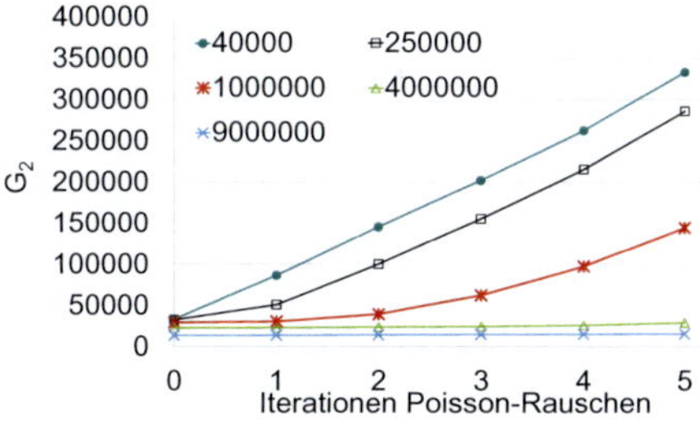

(b) G_2 Stufenzylinder

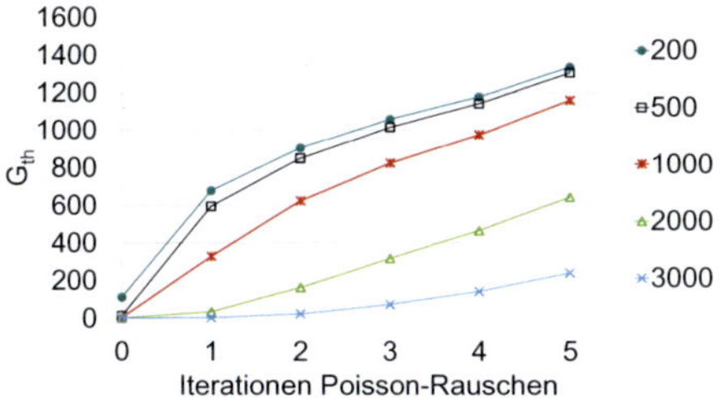

(c) G_{th} Treppenkörper

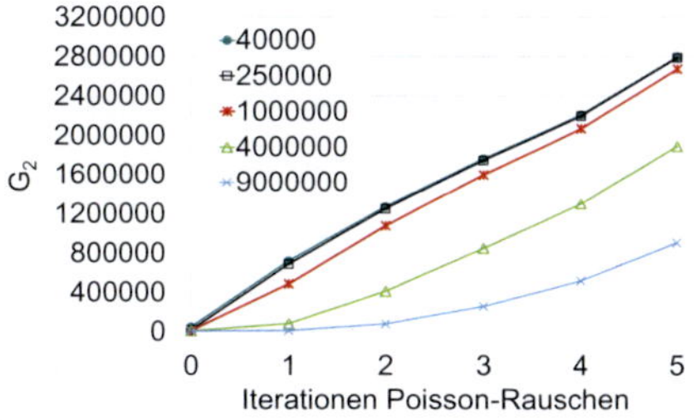

(d) G_2 Treppenkörper

Abbildung 4.23: Reaktion der Kenngrößen auf erhöhtes Rauschen in Abhängigkeit vom gewählten Schwellwert

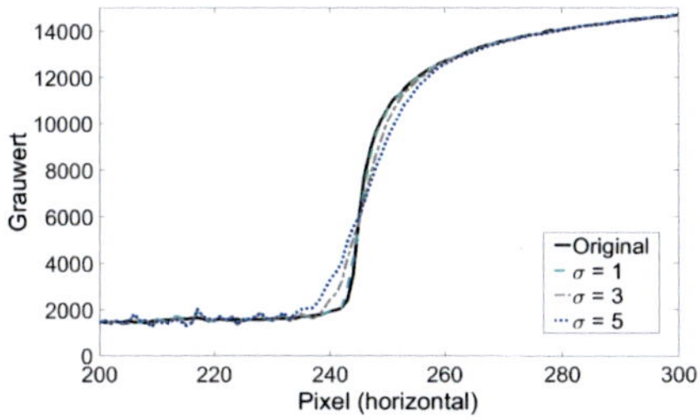

(a) Stufenzylinder

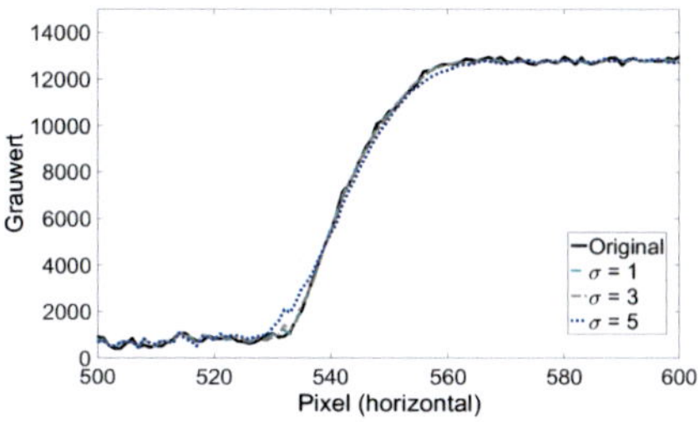

(b) Treppenkörper

Abbildung 4.24: Exemplarischer Grauwertverlauf einer Kante bei zunehmender Unschärfe auf der jeweiligen untersuchten Projektion

Auch die Unschärfe hat Einfluss auf den Kantenverlauf einer Einzelprojektion (Abbildung 4.24). Mit steigender Standardabweichung σ des Gauß-Filters ist bei beiden Messobjekten eine zunehmende Weichzeichnung der Kanten zu beobachten. Zusätzlich tritt eine lokale Rauschglättung an der Kante auf, die insbesondere beim Treppenkörper zu beobachten ist.

Abbildungen 4.25(c) und (d) zeigen, dass beim Treppenkörper zunächst aufgrund des vorherrschenden Rauschens bei $\sigma < 1$ eine Rauschglättung über nebeneinanderliegenden Pixel erfolgt, das heißt hochfrequentes Rauschen wird reduziert. Dadurch fallen die Grauwertänderung zwischen benachbarten Pixeln und somit der lokale Gradient geringer aus. Bei einem größeren σ erfolgt die Glättung allerdings über eine größere Anzahl Pixel und der Gradient steigt wieder leicht an. Dadurch kommt es bei den gradientenbasierten Kenngrößen mit einem geringen Schwellwert zunächst zu einem nichtmonotonen Verhalten in der Reaktion auf Unschärfe. Mit höherem Schwellwert ändert sich dies, da durch Rauschen induzierte lokale Gradienten unterhalb des Schwellwerts nicht mehr mitgezählt werden. Beim Stufenzylinder tritt weniger Rauschen in der Einzelprojektion auf, wodurch die lokalen Gradienten geringer ausfallen (Abbildungen 4.25(a) und (b)). Dadurch nehmen auch die Absolutwerte der gradientenbasierten Kenngrößen kleinere Werte an. Mit zunehmendem σ des Gauß-Filters kommt es durch die Kantenglättung und damit die Reduktion des lokalen Gradienten bei beiden Messobjekten zu einem Abfall der gradientenbasierten Kenngrößen.

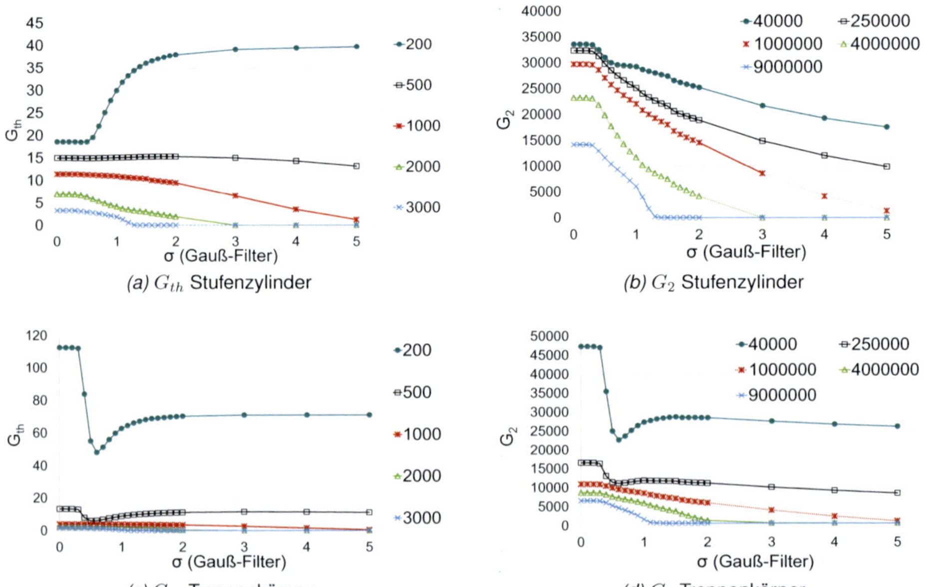

(a) G_{th} Stufenzylinder

(b) G_2 Stufenzylinder

(c) G_{th} Treppenkörper

(d) G_2 Treppenkörper

Abbildung 4.25: Reaktion der Kenngrößen auf erhöhte Unschärfe in Abhängigkeit vom gewählten Schwellwert

Bei einem hohen Schwellwert (ab T = 3.000 beziehungsweise T = 3.000^2) fallen die Kenngrößen in der Reaktion auf steigende Unschärfe steil ab, so dass beide Kenngrößen beim Stufenzylinder ab einem σ = 1,4 den Wert Null annehmen. Auch beim Treppenkörper ist dieser Effekt ersichtlich. Ein zu hoher Schwellwert mindert also den Informationsgehalt der Kenngröße bezüglich der Unschärfe. Es muss daher ein Kompromiss zwischen effektiver Rauschunterdrückung und Informationsgehalt der Kenngrößen gefunden werden. Für die weiteren Untersuchungen werden deshalb die Schwellwerte $T_{G_{th}}$ = 1.000 beziehungsweise T_{G_2} = 1.000^2 gewählt. Bei diesem Schwellwert ist bei beiden Messobjekten mit zunehmender Unschärfe ein monotoner Abfall der Kenngrößen zu erkennen, und Rauschen kann als Störgröße weitgehend ausgeschlossen werden. Beim Treppenkörper ist zwar die Rauschunterdrückung nicht optimal, allerdings kommt ein so großes Rauschen wie bei den simulierten Rauschiterationen beim Treppenkörper in einem realen Scan nicht vor, so dass davon auszugehen ist, dass die Filterung hier ausreichend ist.

Im Folgenden werden nun die Auswertungen aller Projektionen in den ausgewählten ROIs von Stufenzylinder beziehungsweise Treppenkörper gezeigt. Abbildungen 4.26 und 4.27 zeigen Mittelwert und Streuung der Bildqualitätskenngrößen je ROI mit Bezug auf zunehmende Unschärfe beziehungsweise zunehmendes Rauschen.

Die globale Varianz Var_{gl} zeigt nur sehr geringe Reaktionen auf erhöhte Unschärfe und erhöhtes Rauschen. Dies war zu erwarten, da sich auch die Grauwertverteilung in den Einzelprojektionen aufgrund der Bildmanipulation nur geringfügig ändert (vgl. Abbildung 4.20(b)). Dieses Ergebnis bestätigt auch die Erkenntnisse aus den vorhergehenden Untersuchungen (vgl. Abbildung 4.11).

Der quadrierte Gradient G_2 verhält sich mit zunehmender Unschärfe beim Treppenkörper nicht monoton fallend. IN ROI 1 und ROI 3 ist ein geringer Anstieg des Kennwerts zu bemerken, bevor er mit zunehmendem σ des Gauß-Filters ebenfalls fällt. Er ist deshalb für eine Bewertung der Bildqualität nicht geeignet. Im Gegensatz dazu ist beim G_{th} kein Anstieg zu bemerken, allerdings ist auch hier der zunächst steilere Abfall des Kennwerts ersichtlich.

In der Reaktion auf Rauschen zeigen sich allerdings beide gradientenbasierten Kenngrößen monoton steigend, wobei beim Treppenkörper ein deutlich größerer Absolutwert als beim Stufenzylinder erreicht wird, der das größere Rauschen in den Einzelprojektionen widerspiegelt.

Während sich die spiegelgleichen ROIs jeweils kaum unterscheiden, ist ein größerer Unterschied zwischen der frontalen und seitlichen Perspektive zu sehen. Alle Kennwerte sind also stark abhängig vom Bildinhalt, allerdings ist der Trend des Verlaufs immer gleich. Auch mit zunehmender Drehung innerhalb einer ROI von 60 Einzelprojektionen kommt es zu aufgrund der Winkelabhängigkeit der Kenngrößen zu einer Änderung ihrer Werte, was sich in der Streuung bemerkbar macht (vgl. hierzu auch Tabelle 4.9). Nur bei der globalen Varianz ist eine geringe Streuung über den Rotationswinkel zu bemerken, so dass dieser Kennwert am wenigsten vom Bildinhalt abhängt.

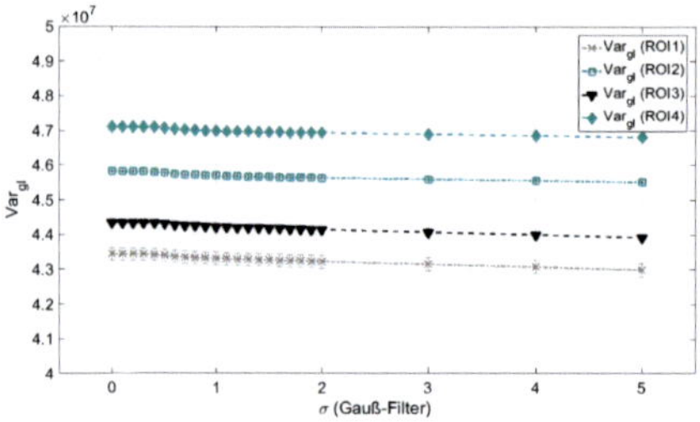

(a) Var_{gl} Stufenzylinder

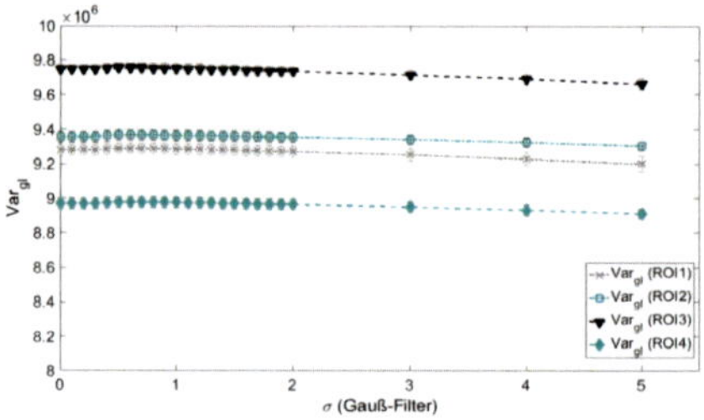

(b) Var_{gl} Treppenkörper

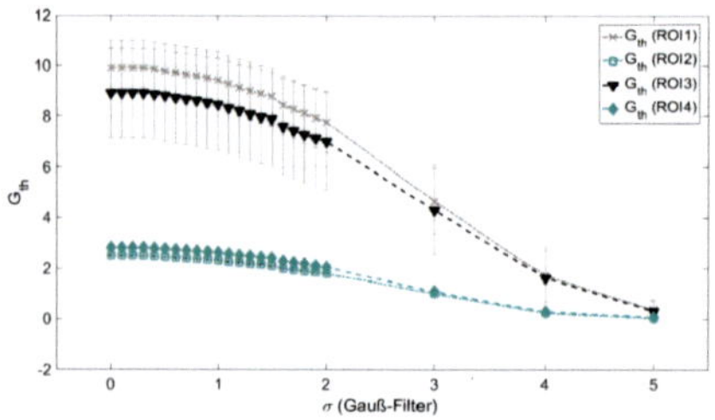

(c) G_{th} Stufenzylinder

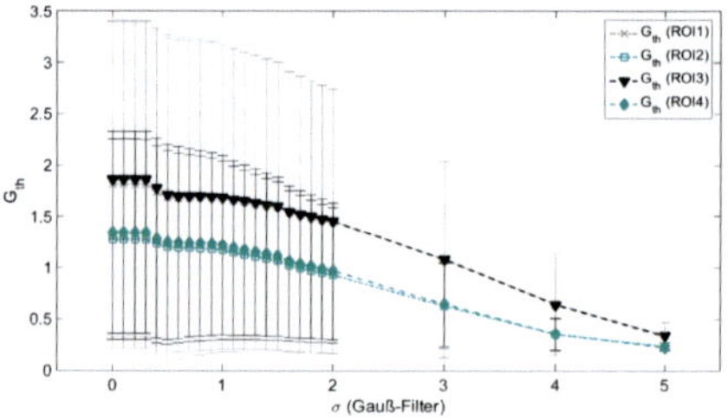

(d) G_{th} Treppenkörper

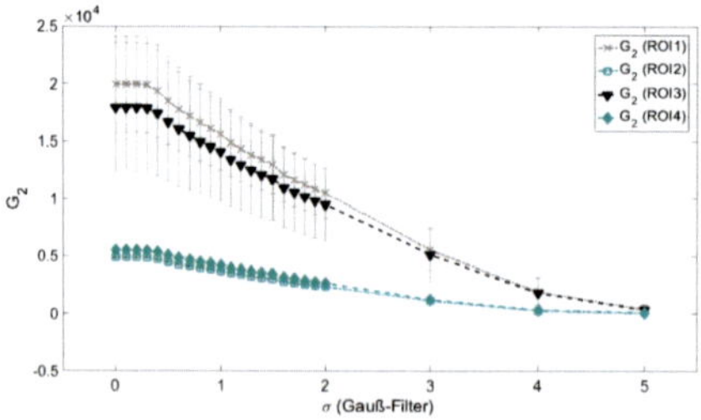

(e) G_2 Stufenzylinder

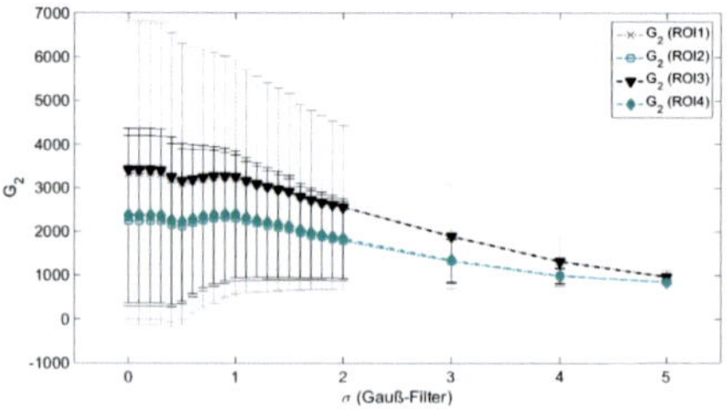

(f) G_2 Treppenkörper

Abbildung 4.26: Reaktion der Kenngrößen auf erhöhte Unschärfe

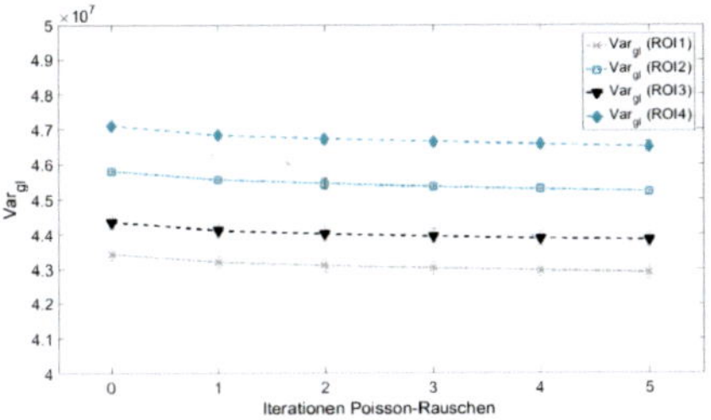

(a) Var_{gl} *Stufenzylinder*

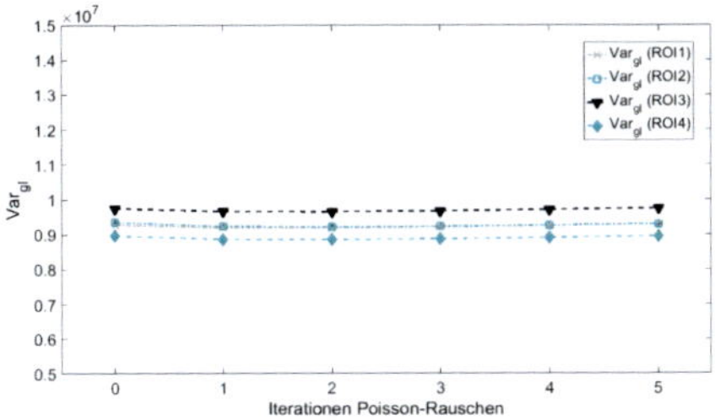

(b) Var_{gl} *Treppenkörper*

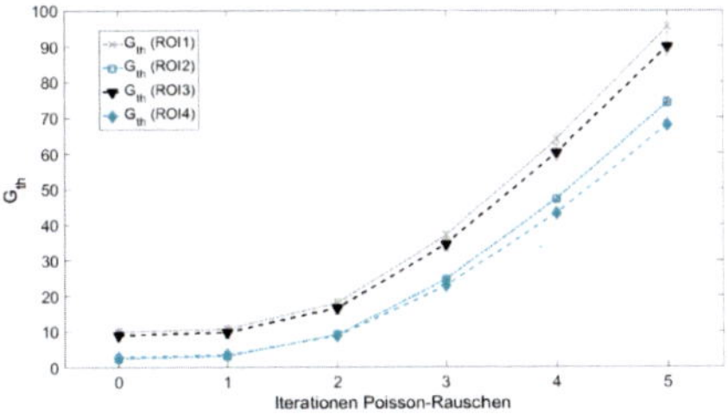

(c) G_{th} *Stufenzylinder*

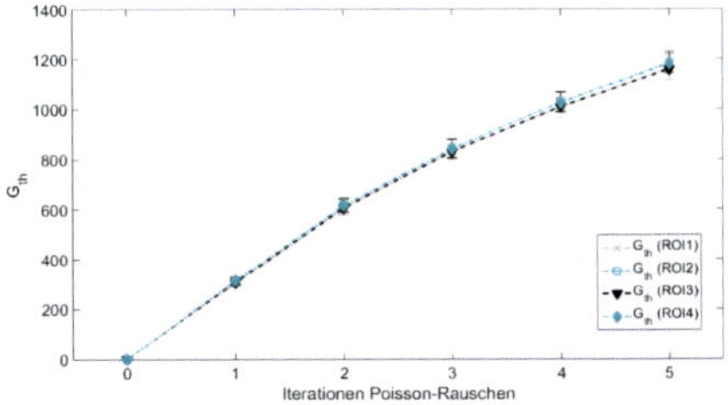

(d) G_{th} *Treppenkörper*

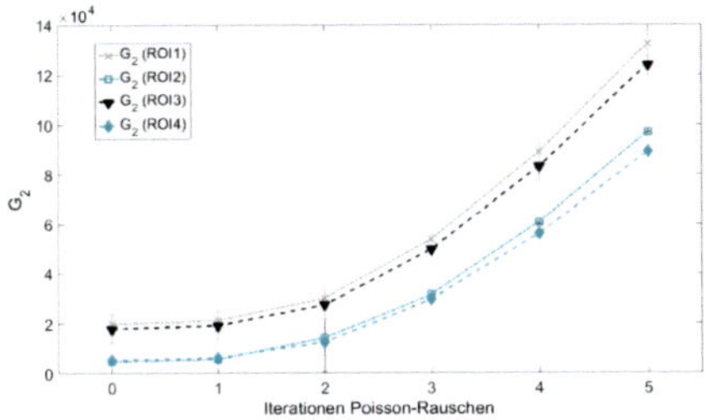

(e) G_2 *Stufenzylinder*

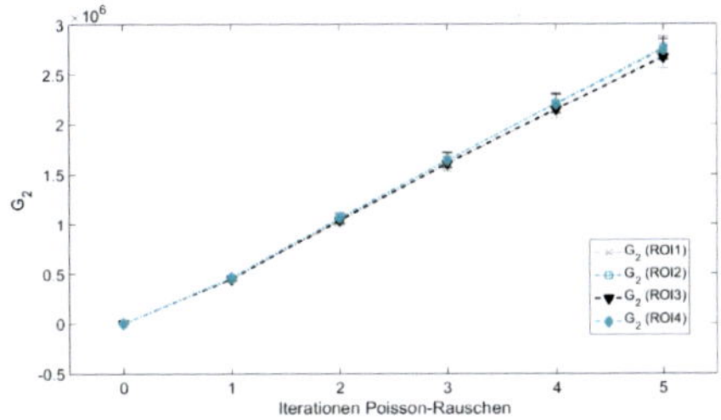

(f) G_2 *Treppenkörper*

Abbildung 4.27: Reaktion der Kenngrößen auf erhöhtes Rauschen

Auswertung am 3D-Volumen

Die Auswertung des 3D-Volumens erfolgt in VGStudio Max 2.2 (Volume Graphics GmbH). Zur Schwellwertbestimmung wird eine lokal-adaptives Verfahren verwendet. Die Messdatenauswertung erfolgte mittels einer standardisierten Vorgehensweise auf Basis eines Makros, um den Bedienereinfluss zu minimieren (vgl. Kapitel 4.3).

Abbildung 4.28 zeigt, dass sich die Grauwertverteilung im rekonstruierten Volumen mit zunehmender Unschärfe der Einzelprojektionen hin zu niedrigeren Grauwerten verschiebt. Dadurch verschiebt sich auch der Grauwert der bestimmten Oberfläche (Isofläche), was zu einer immer größer werdenden Abweichung der Messergebnisse vom Originalscan führt (siehe Abbildungen 4.29 und 4.31). Beim Stufenzylinder ist ab einer Schwelle von $\sigma = 0,3$ eine große, annähernd lineare Zunahme der Messabweichung zu erkennen. Mit steigender Unschärfe werden Außendurchmesser (*D2 – D6*) größer, Innendurchmesser (*D1*) kleiner gemessen. Auch die Abstandsmaße (*A1 – A4*) vergrößern sich, allerdings in deutlich geringerem Umfang als die Durchmessermaße. Ab einem Gauß-Filter mit Standardabweichung $\sigma = 3$ kommt es im rekonstruierten Volumen zu Artefakten an den Oberflächen des Stufenzylinders. Dies geschieht aufgrund der Tatsache, dass die Detektorkorrektur erst nach der Manipulation der Einzelprojektionen erfolgt und so beispielsweise Strukturrauschen des Detektors auch von den Bildmanipulationen betroffen ist. Mit zunehmendem Einfluss der Manipulation können diese Rauschstrukturen bei der durchgeführten Detektorkorrektur nicht mehr komplett korrigiert werden. Insbesondere beim Innendurchmesser *D1* ist zu erkennen, dass ab einem $\sigma > 3$ zwar immer noch ein annähernd linearer Zusammenhang zwischen Unschärfe und Messabweichung besteht, dieser aber durch den Artefakteinfluss überlagert wird.

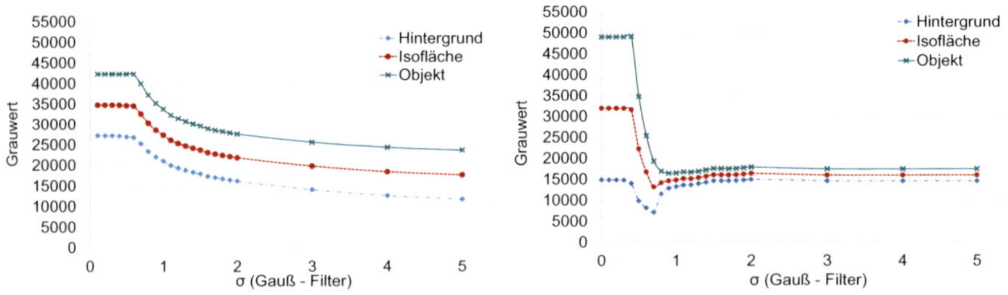

(a) Stufenzylinder *(b)* Treppenkörper

Abbildung 4.28: Verschiebung der Grauwerte im rekonstruierten 3D-Volumen bei zunehmender Unschärfe der Einzelprojektionen

Beim Treppenkörper kommt es mit zunehmender Standardabweichung σ des Gauß-Filters zunächst zu einem starken Abfall der Grauwerte im 3D-Volumen. Ab $\sigma = 0,9$ steigen die

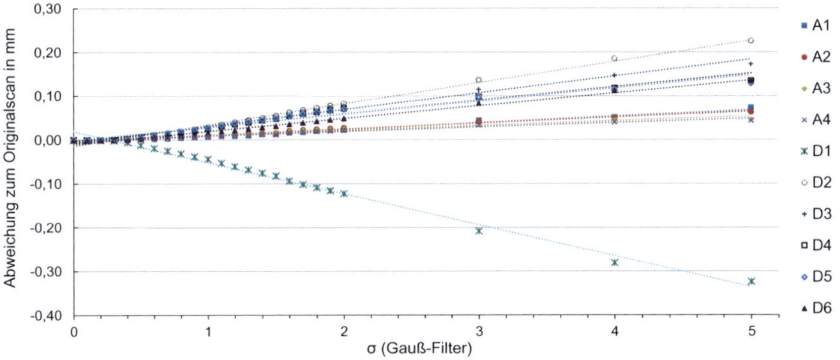

Abbildung 4.29: *Messabweichung der manipulierten Scans des Stufenzylinders in Abhängigkeit des auf die Projektionen angewandten Gauß-Filters zur Erzeugung von Unschärfe*

Grauwerte wieder an (Abbildung 4.28(b)). Außerdem treten hier bereits deutlich früher Artefakte auf der Oberfläche des 3D-Volumens auf (Abbildung 4.30(b)). Es kommt zu einem ausgeprägten Linienmuster auf der Oberfläche des 3D-Volumens des Treppenkörpers, das einen großen Einfluss auf die Messabweichung hat. Dies wird auch anhand der Auswertung der Abstandsmaße deutlich (Abbildung 4.31). Der zunächst lineare Zusammenhang zwischen σ des Gauß-Filters und der jeweiligen Messabweichung wird zunehmend durch Schwankungen aufgrund der Artefakte überlagert.

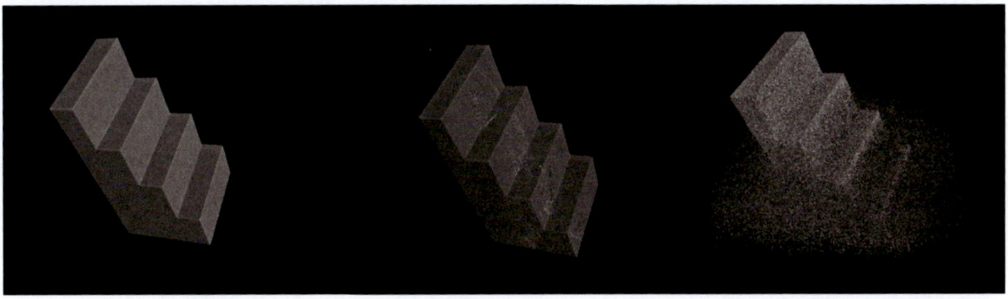

(a) Originalscan *(b)* Gauß-Filter mit $\sigma = 2$ *(c)* 3 Iterationen Poisson-Rauschen

Abbildung 4.30: *Auswirkung der Manipulationen auf das rekonstruierte Volumens des Aluminium-Treppenkörpers*

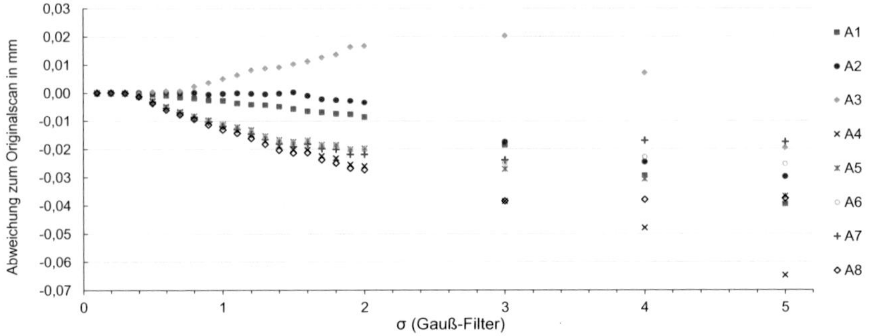

Abbildung 4.31: Messabweichungen der manipulierten Scans des Treppenkörpers bei zunehmender Unschärfe

Abbildung 4.32 zeigt die Änderung bei der Oberflächenbestimmung der 3D-Daten mit zunehmendem Poisson-Rauschen. Die Differenz der Grauwerte von Objekt und Hintergrund nimmt bei beiden Messobjekten deutlich ab. Betrachtet man die Isofläche bei zunehmenden Rauschen, so fällt auf, dass deren Grauwert zunächst abfällt, dann aber zufällig schwankt. Im rekonstruierten Volumen treten außerdem vermehrt Rauschpartikel auf, wodurch die Streuung der Grauwerte zunimmt (Abbildung 4.30(c) und 4.33). Dies erschwert eine Unterscheidung zwischen mittlerem Grauwert des Objekts sowie mittlerem Grauwert des Hintergrunds im Histogramm und führt so zu den Abweichungen in der Oberflächenbestimmung. Bei der Auswertung des 3D-Volumens des Treppenkörpers kann deshalb bereits ab der dritten Rauschiteration keine automatisierte Oberflächenbestimmung und Messdatenauswertung durchgeführt werden. Die Isofläche wird daher manuell bestimmt.

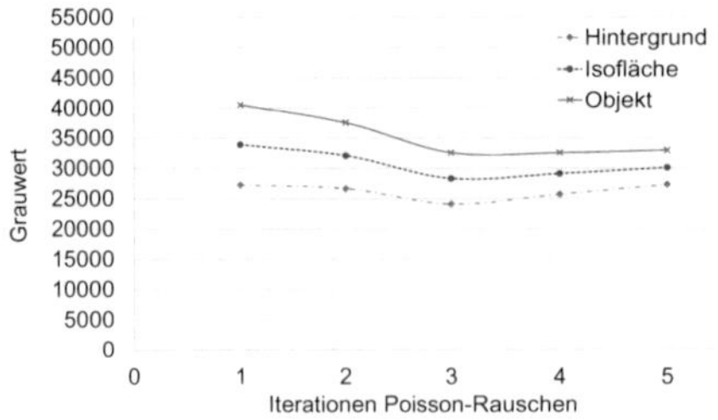

(a) Stufenzylinder

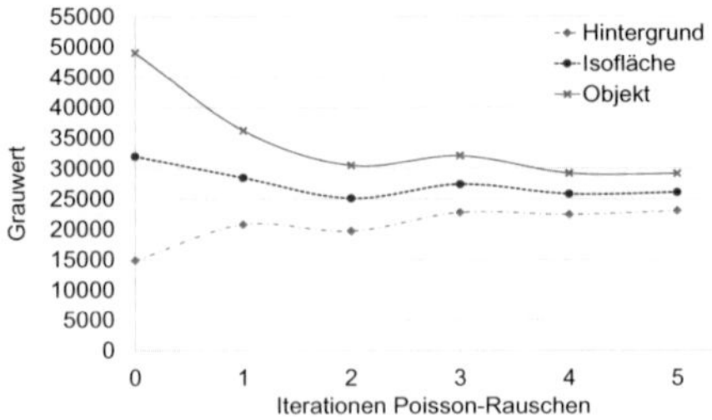

(b) Treppenkörper

Abbildung 4.32: Verschiebung der Grauwerte im rekonstruierten Volumen bei zunehmendem Rauschen der Einzelprojektionen

Ebenso wie die Analysen der Einzelprojektionen zeigen auch diese Untersuchungen, dass das simulierte Rauschen deutlich größer ist als das Rauschen, das bei einer tatsächlichen CT-Messung auftreten kann. Trotz der visuell sichtbaren Einschränkung im 3D-Volumen fällt die Messabweichung der verrauschten Scans im Vergleich zu den unscharfen Scans deutlich geringer aus (Abbildung 4.34). Hier ist bei den Durchmessern (*D1* bis *D6*) eine lineare Zunahme zu erkennen, während bei den Abstandsmaßen zufällige Abweichungen vorkommen. Tabelle 4.16 zeigt die ermittelte Messabweichungen der Abstandsmaße bei der ersten und zweiten Rauschiteration am Treppenkörper. Hier ist kein Trend ersichtlich, es überwiegen die zufälligen Abweichungen.

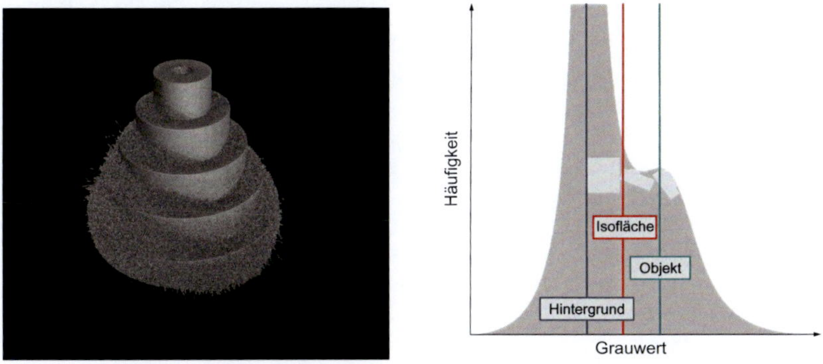

(a) Rekonstruiertes Volumen *(b)* Histogramm des 3D-Volumens

Abbildung 4.33: Scan des Stufenzylinders nach der fünften Iteration des Poisson-Rauschens und dazugehöriges Histogramm

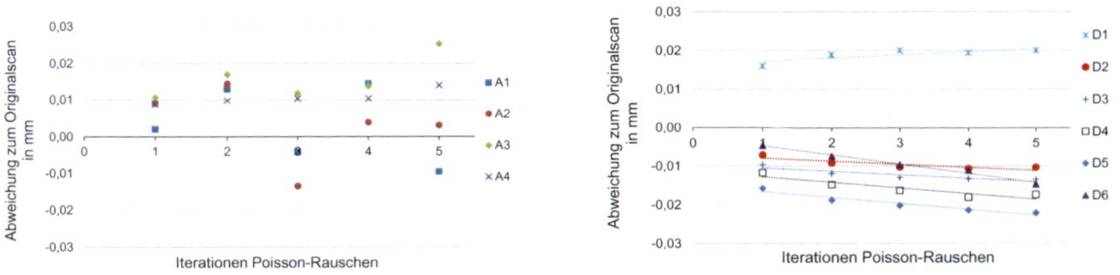

(a) Abstandsmessung *(b)* Durchmessermessung

Abbildung 4.34: Messabweichungen der manipulierten Scans des Stufenzylinders in Abhängigkeit des auf die Projektionen angewandten Poisson-Rauschens

Die Ergebnisse zeigen, dass die Messabweichung sowohl auf erhöhtes Rauschen als auch auf eine erhöhte Unschärfe reagiert. Allerdings ist der Einfluss des Rauschens deutlich geringer. Insgesamt ist beim Stufenzylinder nach der fünften Rauschiteration eine maximale

Rausch-iterationen	*A1*	*A2*	*A3*	*A4*	*A5*	*A6*	*A7*	*A8*
1	-8	-45	33	-8	-25	33	18	21
2	-81	-127	-247	-28	8	47	82	62

Tabelle 4.16: Abweichungen vom Originalscan des Treppenkörpers bei zunehmendem Rauschen in µm

Abweichung von ca. 25 µm zu erkennen. Im Vergleich dazu ist die durch den Gauß-Filter erzeugte Messabweichung mit circa 280 µm mehr als zehn Mal so groß. Eine größere Unschärfe hat einen systematischen Effekt auf die Bestimmung der Messabweichung, während Rauschen einen kleineren, bei der Abstandsmessung zufälligen, Effekt hat, der den Unsicherheitsbeitrag der Schwellwertbestimmung und somit den zufälligen Anteil der Messunsicherheit erhöht. Bei der Durchmesserbestimmung am Stufenzylinder ist ein linearer Effekt des Rauschens zu erkennen, der allerdings ebenfalls im Verhältnis zur Unschärfe sehr klein ist. Beim Treppenkörper treten insgesamt geringere Abweichungen auf. Es kommt bei einer Rauschiteration, die, wie oben erwähnt, bereits einen Extremfall darstellt, zu ca. 50 % der Abweichungen im Vergleich zu den durch Unschärfe hervorgerufenen Abweichungen.

Aufgrund der Tatsache, dass die Rauschsimulation Extremfälle erzeugt, und aufgrund des großen Verhältnisses zwischen den durch Rauschen und Unschärfe erzeugten Abweichungen kann angenommen werden, dass Rauschen in den Einzelprojektionen für die Messabweichungen eines realen CT-Scans eine untergeordnete Rolle spielt.

Nichtsdestoweniger hat das Rauschen einen großen Einfluss auf die gradientenbasierten Kenngrößen. Es müssen daher Schwellwerte verwendet werden, um den Einfluss des Rauschens zu reduzieren. Allerdings ist eine komplette Vermeidung in besonders großen Rauschfällen nicht möglich, so dass besonders große Werte der gradientenbasierten Kenngrößen wie G_{th} einen Hinweis auf Rauschen in der Einzelprojektion geben.

Ein Test auf lineare Korrelation zeigt, dass der Gradient mit Schwellwert G_{th} mit der durch Unschärfe hervorgerufenen durchschnittlichen Messabweichungen bei Stufenzylinder stark korreliert ist (Tabelle 4.17).[11] Dies ist unabhängig von der ausgewählten ROI. Daher ist der Gradient zur Beschreibung der Bildqualität geeignet, unabhängig davon, welche Winkelstellung des Drehtellers verwendet wird. Die globale Varianz Var_{gl} kann zur Bewertung der Kontraständerung verwendet werden, ohne dass sie durch andere Faktoren beeinflusst wird. Allerdings ist weiterhin offen, welche Auswirkung der Kontrast auf die Messabweichung hat.

[11] Der Treppenkörper wurde aufgrund der starken Artefaktbildung aus der Analyse ausgenommen.

ROI	*A1*	*A2*	*A3*	*A4*	*D1*	*D2*	*D3*	*D4*	*D5*	*D6*
1	-0,98	-0,96	-0,93	-0,94	0,98	-0,98	-0,95	-0,92	-0,91	-0,98
2	-0,99	-0,97	-0,95	-0,96	0,99	-0,99	-0,97	-0,95	-0,94	-0,99
3	-0,98	-0,96	-0,93	-0,94	0,98	-0,98	-0,95	-0,92	-0,91	-0,98
4	-0,98	-0,97	-0,95	-0,96	0,99	-0,98	-0,97	-0,94	-0,93	-0,99

Tabelle 4.17: Linearer Korrelationskoeffizient nach Pearson ρ_p zwischen Messabweichung und gemitteltem Gradient G_{th} bei erhöhter Unschärfe am Stufenzylinder

4.3 Modellbildung

Um eine projektionsbasierte Einstellung der Aufnahmeparameter zu ermöglichen, muss nun der Zusammenhang zwischen den Bildqualitätskenngrößen und der Messabweichung bei realen CT-Messungen hergestellt werden. Hierzu werden empirische Versuchsreihen im Rahmen der statistischen Versuchsplanung durchgeführt. Ziel ist es, ein grundlegendes Modell des Einflusses der Bildqualität von Einzelprojektionen auf das Messergebnis zu erstellen, in dem Wirkzusammenhänge zwischen Bildqualitätskenngrößen und der Messabweichung abgebildet sind.

4.3.1 Versuchsdurchführung

Zur Durchführung der Versuche wird auf die Methode der statistischen Versuchsplanung zurückgegriffen (vgl. (Siebertz, Bebber & Hochkirchen 2010)). Hier ist zu beachten, dass bei realen Messungen – im Gegensatz zur Bildmanipulation – die Bildqualität nicht gezielt eingestellt werden kann, da jeder gewählte Aufnahmeparameter der Messung mehrere Bildqualitätsmerkmale beeinflusst (vgl. Kapitel 2.3). Daher werden im Versuchsplan nur die Aufnahmeparameter als Faktoren variiert.

Die im verwendeten Computertomographen (Zeiss Metrotom 800) eingesetzte Rekonstruktionssoftware mit Feldkamp-David-Kress-Algorithmus ist aktueller Stand der Technik und wird daher als gegeben vorausgesetzt, da die zugrundeliegenden Algorithmen dem Anwender im Regelfall nicht zugänglich sind. Auch der verwendete Bildfilter wird als gegeben vorausgesetzt. Der Anwender kann zwar verschiedene Filter auswählen, allerdings hat sich der Shepp-Logan-Filter nach Shepp & Logan (1974) in der Praxis durchgesetzt, da dieser im Vergleich zu anderen Filteralgorithmen in der Regel die besten Ergebnisse liefert (vgl. auch Kapitel 2.1.6 sowie (Buzug 2008)).

Zusätzlich hat der Anwender die Möglichkeit, Pixelbinning und die Anzahl der Aufnahmen (Frames) pro Winkelelement einzustellen. Diese dienen zur Reduktion des Rauschsignals durch eine Erhöhung der Anzahl der lokal eintreffenden Photonen. Beim Pixelbinning geschieht dies durch eine Vergrößerung der Pixelfläche durch die Zusammenschaltung mehrerer nebeneinander liegender Pixel. Werden mehrere Frames aufgenommen, führt dies ebenfalls durch die vorgenommene Signalmittlung zu einer Reduktion des Rauschens. Beide Optionen werden im vorliegenden Ansatz nicht betrachtet. Durch Binning wird die Auflösung verringert, daher ist dieses Vorgehen insbesondere bei Bauteilen mit kleinen Strukturen nicht zu empfehlen. Die Aufnahme mehrerer Bilder hintereinander reduziert zwar das Rauschen, hat aber dadurch den gleichen Effekt wie eine höherer Strom oder eine längere Belichtungszeit.

Die Orientierung des Bauteils in der Aufnahme beziehungsweise auf dem Drehteller erfolgt manuell durch den Benutzer und fließt daher nicht in die Untersuchung ein. Sie wird bei allen Versuchen möglichst konstant gehalten. Im Versuchsplan wird „Strom x Zeit" als ein Faktor angesehen, da beide Aufnahmeparameter zu einer Erhöhung der Anzahl der auf dem Detektor eintreffenden Photonen führen (vgl. Kapitel 2.1). Die Belichtungszeit wird daher konstant bei 1000 ms gehalten, während der Strom variiert wird. Dadurch reduziert sich der Umfang der im Versuchsplan betrachteten Aufnahmeparameter auf die vier Faktoren Spannung, x-Position des Drehtellers, Strom-Zeit-Produkt und Verstärkung (Gain) (vgl. Tabelle 4.18).

Die z-Position wird so gewählt, dass das jeweilige Messobjekt mittig auf dem Detektor abgebildet ist. Sie wird über alle Versuche konstant gehalten. Ebenso wird die Anzahl der Einzelprojektionen auf 1550 festgelegt, die garantiert, dass die Nyquistbedingung in jedem Scan eingehalten wird. Außerdem wird ein Kupferfilter mit 1 mm Dicke verwendet.

Eine Eingrenzung der Faktorstufen ergibt sich darüber hinaus aus der eingeschränkten Möglichkeit, den Gain einzustellen. Dieser weist nur drei Stufen auf (vgl. Tabelle 4.18), wobei die höchste Stufe – eine achtfache Verstärkung – je nach Kombination mit den anderen Faktoren oft zu einer Überbelichtung führt. Damit würde der Detektor im nichtlinearen Bereich betrieben. Daher wird der Versuchsraum dahingehend eingeschränkt, dass Bereiche mit hohem Gain, hoher Spannung und hohem Strom-Zeit-Produkt, die zu einer Überbelichtung führen würden, sowie unterbelichtete Bereiche ausgespart werden. Dies geschieht durch eine manuelle Vorauswahl geeigneter Grenzen für jedes Messobjekt, die bei der Erstellung des Testfelds als Nebenbedingungen berücksichtigt wurden. (vgl. (A_Borsch 2016)).

Um eine möglichst große Anzahl von Versuchen zu realisieren und nichtlineare Zusammenhänge abdecken zu können, wird ein Latin Hypercube Space Filling Design (LHS) mit

Komponente	Aufnahmeparameter *Wertebereich Metrotom 800*	Beschreibung
Röntgenröhre	Röhrenspannung U_a *20 kV - 130 kV*	Die Röhrenspannung verändert die Zusammensetzung des Röntgenspektrums und somit die Härte der Strahlung.
Röntgenröhre	Röhrenstrom I_a *1 μA - 300 μA*	Der Röhrenstrom ist proportional zur Anzahl der emittierten Photonen. Bei höherem Strom wird das Rauschen verringert.
Detektor	Belichtungszeit t_i *133 ms; 267 ms; 400 ms; 500 ms; 667 ms; 800 ms; 1000 ms*	Mit steigender Belichtungszeit steigt auch die Anzahl der detektierten Photonen am Detektorelement. Dadurch kann das Rauschen verringert werden.
Detektor	Verstärkung *1; 2,5; 8*	Die elektronische Verstärkung multipliziert das Detektorsignal mit einem Faktor. Dadurch wird neben dem Bildsignal auch das Rauschen verstärkt.
x-Achse	x-Position *0 mm - 670 mm*	Die x-Position bestimmt die FOD und somit die Vergrößerung und Detektorauflösung des Bauteils.
z-Achse	z-Position *0 mm - 270 mm*	Die z-Position bestimmt die Lage des Bauteils im Kegelstrahl. Das Bauteil sollte möglichst mittig liegen, um Kegelstrahleinflüsse zu verringern.

Tabelle 4.18: Betrachtete Aufnahmeparameter. Grau hinterlegte Aufnahmeparameter werden in den Versuchsplänen konstant gehalten.

80 Faktorstufenkombinationen pro Messobjekt gewählt (siehe Abbildung 4.35). Jede Faktorstufenkombination erhält eine zufällige Versuchsnummer (VN). Die Versuchsnummern *VN20*, *VN40*, *VN60* und *VN80* werden im Rahmen eines Versuchsplans je dreimal zu unterschiedlichen Zeitpunkten durchgeführt. Hierdurch kann die Teststreuung abgeschätzt werden (vgl. (Siebertz, Bebber & Hochkirchen 2010)). Insgesamt liegen also 88 Messungen je Versuchsplan vor. Der LHS-Versuchsplan wird in randomisierter Reihenfolge wiederholt. Die verwendeten Versuchspläne sind tabellarisch im Anhang A.1 zu finden.

Am Metrotom 800 kann nach einem automatisierten Vorgehen eine Detektorkalibrierung

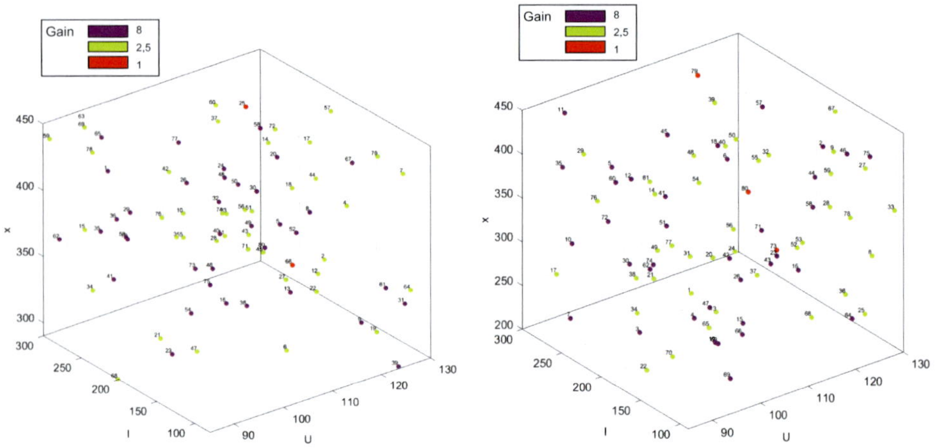

(a) Stufenzylinder Aluminium

(b) Treppenkörper Aluminium

Abbildung 4.35: Grafische Darstellung der verwendeten Latin Hypercube Space Filling Design Versuchspläne

mit Dunkel- und Hellbildern durchgeführt werden. Diese wird zusätzlich durch ein Set an 80 Aufnahmen zur Multi-Gain-Korrektur vor dem Start der eigentlichen Messung ergänzt (vgl. Kapitel 2.1.5). Zusätzlich erfolgt während der Messung eine Korrektur mittels dynamischer Grauwertbestimmung. Dabei wird in jedem Bild ein Referenzbereich im Hintergrundbereich bestimmt. In diesem Referenzbereich wird die mittlere Strahlungsintensität gemittelt und das Bild auf diesen Wert normiert. Dadurch kann gewährleistet werden, dass der Einfluss des Detektors auf die Einzelprojektion vernachlässigbar ist. Während jeder Messung wird ein Kalibrierobjekt verwendet, von dem in bestimmten Abständen während des Scans Einzelprojektionen aufgenommen werden. Damit kann der Skalierungsfehler des Geräts kompensiert werden.

4.3.2 Auswertung der Einzelprojektionen

Wie in Kapitel 4.2.3 beschrieben, ist die Reaktion der Bildqualitätskenngrößen auf eine veränderte Projektionsbildqualität ähnlich, wenn sich auch die absoluten Werte unterscheiden. Pro Messobjekt wird daher nur noch eine *Region of Interest* von Einzelprojektionen definiert, die zur Beurteilung der Bildqualität verwendet wird (Abbildung 4.36). Je ROI wird die Bildqualität von 60 Einzelprojektionen ausgewertet, die bereits einer Detektorkorrektur unterzogen wurden. Die jeweiligen Mittelwerte der Bildqualitätskenngrößen pro ROI werden später zur Modellbildung verwendet.

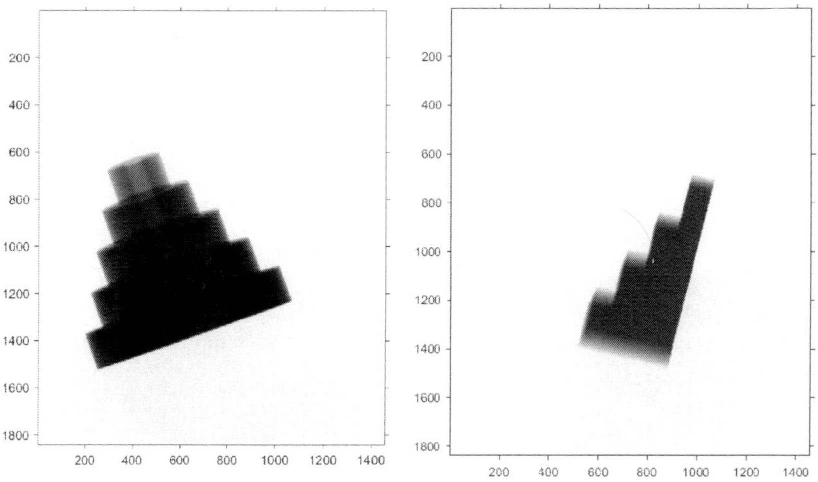

(a) Stufenzylinder *(b)* Treppenkörper

Abbildung 4.36: Exemplarische Projektionen (nach Detektorkorrektur)

4.3.3 Messdatenauswertung

Um den Einfluss der Auswertestrategie auf das Messergebnis möglichst gering zu halten, wird eine wiederholbare Vorgehensweise entwickelt, mit der alle Messungen der Versuchsreihen ausgewertet werden können.

In Vorversuchen konnte nachgewiesen werden, dass mit einer standardisierten Auswertestrategie der Anwendereinfluss reduziert wird und reproduzierbare Messergebnisse erzielt werden können (Krämer & Lanza 2016). Daher wurden Makros in VGStudioMax 2.2 (Volume Graphics GmbH) entwickelt, anhand derer alle relevanten Merkmale der untersuchten Prüfkörper ausgewertet werden können ((A_Griesz 2016) und (A_Schneider 2016)). Die Makros ermöglichen eine automatisierte Oberflächenbestimmung, Bauteilregistrierung und Messdatenauswertung.

Wie bereits in Kapitel 4.3.1 erläutert, wird die Rekonstruktion mit Shepp-Logan-Filter gewählt. Danach werden aus dem rekonstruierten Volumenmodell Oberflächendaten abgeleitet. Globale Schwellwertverfahren wie das globale ISO50%-Verfahren weisen gegenüber einer lokal-adaptiven Schwellwertermittlung Nachteile auf und sollten deshalb vermieden werden (vgl. (Blessing 2008), (Hilpert et al. 2008) und (Kiekens et al. 2010)). Daher wird mit einer erweiterten Oberflächenbestimmung mit lokal-adaptivem Schwellwert gearbeitet.

Der prinzipielle Aufbau der Makros ist in Abbildung 4.37 schematisch dargestellt. Nach dem Import des hinterlegten CAD-Modells des Messobjekts (Referenzobjekt) sowie des computertomographischen 3D-Volumens wird zunächst eine globale Oberflächenbestimmung auf Basis des Histogramms durchgeführt (vgl. Kapitel 2.1.6). Darauf aufbauend wird eine erweiterte Oberflächenbestimmung mit einem Suchabstand von zwei Voxeln ausgeführt, da diese in Vorversuchen zu konstant guten Ergebnissen führte (vgl. (A_Griesz 2016)). Um eine möglichst hohe Vergleichbarkeit zwischen taktiler Referenzmessung und computertomographischer Messung zu gewährleisten, wird ein gemeinsames Koordinatensystem (KOS) für beide Messungen gewählt. Dadurch können durch Koordinatentransformation entstehende Abweichungen vermieden werden. Nach der Oberflächenbestimmung erfolgt eine Registrierung des 3D-Volumens zu dem hinterlegten Referenzobjekt. Bei der Registrierung wird zunächst eine Grobausrichtung des 3D-Volumens zum CAD-Modell anhand des Best-Fit-Verfahrens durchgeführt. Danach erfolgt eine 3-2-1 Einpassung von charakteristischen Merkmalen des Probekörpers.[12] Dabei sind die Bezüge für die 3-2-1 Registrierung die gleichen wie bei den taktilen Referenzmessungen. (A_Schneider 2016)

Auf Basis des programmierten Prüfplans wird für jedes im Prüfplan definierte Merkmal ein Geometrieelementfit durchgeführt. Die Antastpunkte für den Geometrieelementfit werden dabei über die gesamte anzutastende Fläche in einer Schrittweite von 0,01 mm verteilt, um so eine vollständige Flächeninformation zu erhalten. Nach der Erzeugung von Messwerten (z. B. Durchmesser) stehen nun die Messergebnisse in einem Prüfprotokoll zur Verfügung. (A_Schneider 2016)

4.3.4 Versuchsergebnisse

Abbildung 4.38 zeigt die ermittelten Messabweichungen der Durchmesser *D1* bis *D6* am Stufenzylinder. Für den Stufenzylinder stehen zwei Wiederholungen des Versuchsplans zur Verfügung. Innerhalb einer Versuchsnummer, das heißt Faktorstufenkombination, verhalten sich die Messabweichungen aller Außendurchmesser ähnlich. Auffällig ist, dass sich der Innendurchmesser *D1* wie bereits bei den manipulierten Scans immer entgegengesetzt zu

[12] Hierbei wird das importierte Volumen mithilfe von einer primären, einer sekundären und einer tertiären Bezugsebene ausgerichtet. Diese werden anhand der identifizierten realen Oberflächen der Messobjekte festgelegt. Hierzu wird die Definition einer Ebene, einer Gerade und eines Punkts benötigt. (Vgl. DIN EN ISO 5459)

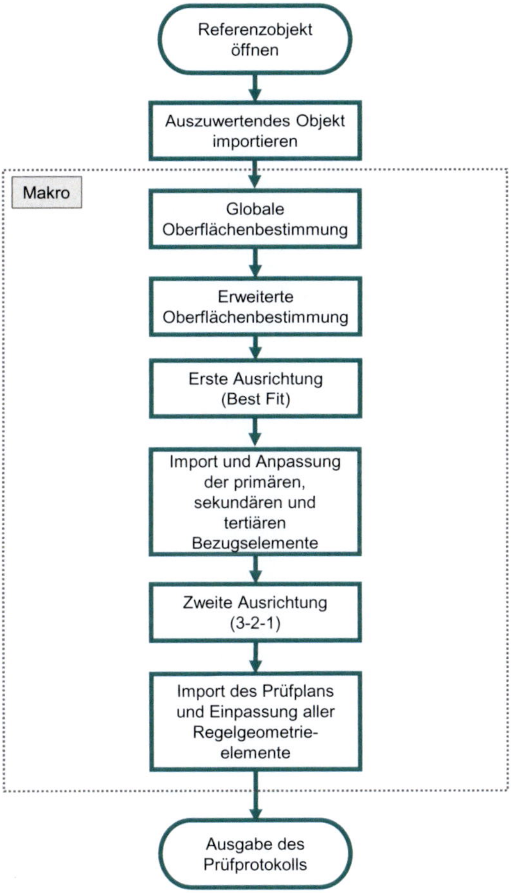

Abbildung 4.37: Prinzipieller Aufbau des Auswertemakros nach A_Schneider (2016)

den anderen Maßen verhält. Dies ist damit zu erklären, dass bei der Oberflächenbestimmung zwischen Innendurchmesser und Außendurchmesser unterschieden werden muss. Verschiebt sich die Isofläche in eine Richtung, so wird das eine Maß größer und das andere dementsprechend kleiner gemessen (vgl. Kapitel 2.1.7 und 4.2.3.2).

Die Abstände *A1* bis *A4* (Abbildung 4.39) schwanken deutlich weniger zwischen den einzelnen Versuchsnummern. Dies liegt daran, dass die Abstandsmaße als unidirektionale Maße robust gegenüber Schwellwertfehlern sind. Allerdings können zufällige globale und lokale

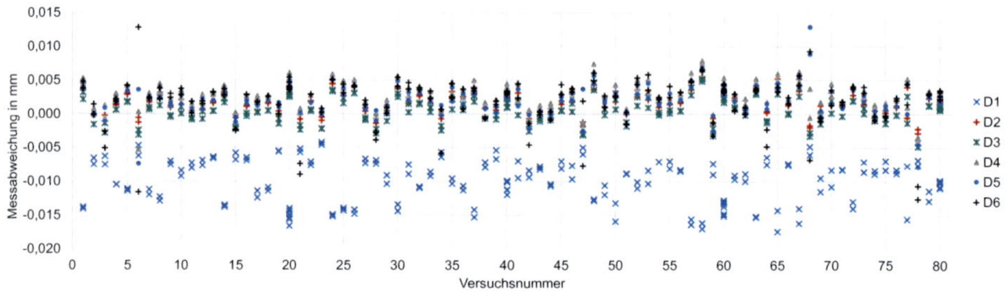

Abbildung 4.38: Messabweichung der Außendurchmesser am Stufenzylinder je Messung

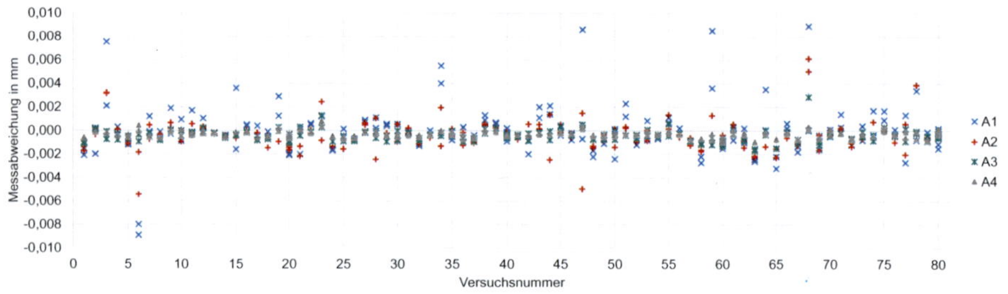

Abbildung 4.39: Messabweichung der Abstände am Stufenzylinder je Messung

Abweichungen ebenfalls das Messergebnis beeinflussen.

Auffällig ist außerdem, dass die Messungen *VN6*, *VN47* und *VN68* eine deutlich größere Streuung zwischen den einzelnen Messgrößen beziehungsweise Wiederholmessungen bei selber Parametereinstellung aufweisen. Die jeweiligen Parametereinstellungen dieser Scans sind in Tabelle 4.19 zu finden. In diesen Scans war bei der Auswertung des 3D-Volumens jeweils ein starkes Rauschen zu erkennen, das die Messung negativ beeinflusst. Dadurch steigt die Unsicherheit bei der Oberflächenbestimmung.

VN	Spannung	Strom	x-Position	Gain
6	102	88	328	2,5
47	92	141	322	2,5
68	85	201	290	2,5

Tabelle 4.19: Scanparameter der stark verrauschten Scans des Stufenzylinders

Die Auswertung der 2D-Qualitätsparameter der verrauschten Scans zeigt ebenfalls, dass der Gradient G_{th} bei diesen Messungen am größten ist. Im Gegensatz dazu ergibt die Auswertung der globalen Varianz Var_{gl} sowie Rauschens σ_h beziehungsweise σ_o der Einzelprojektionen hierzu keine eindeutigen Hinweise auf das erkennbare Rauschen im 3D-Volumen. Da diese Messungen von den zufälligen Abweichungen dominiert werden, werden sie aus dem Modellfit entfernt.

Zusätzlich ist zu beobachten, dass die Messabweichung des größten Außendurchmessers *D6* (55 mm) bei einigen Messungen (*VN3*, *VN21*, *VN64*, *VN78*) deutlich von den anderen Messgrößen abweicht. Dies kann dadurch erklärt werden, dass dieser Durchmesser so gewählt wurde, dass die Durchstrahlungslänge bereits an der Grenze der Leistungsfähigkeit des verwendeten Computertomographen liegt. Somit kann es je nach Parametereinstellung zu einer lokalen Unterbelichtung dieses Bereichs kommen.

Für den Treppenkörper wird der LHS-Versuchsplan dreimal wiederholt. Hier sind die Maße *A1* bis *A3* schwellwertunabhängig, die restlichen Maße *A4* bis *A8* schwellwertabhängig.

Abbildungen 4.40 und 4.41 zeigen, dass – ebenso wie beim Stufenzylinder – die schwellwertabhängigen Maße jeweils eine parameterabhängige Abweichung aufweisen. Das bidirektionale Maß *A4*, das die Gesamthöhe des Bauteils (40 mm Nennmaß) beschreibt, hat eine andere Bezugsfläche als die Maße *A5* bis *A8* und weist geringere Abweichungen auf. Bei den unidirektionalen Maßen, insbesondere *A1*, sind die systematischen Abweichungen deutlich kleiner. Beim Abstand *A3* sind die zufälligen Schwankungen allerdings sehr groß. Auch bei der Kalibriermessung konnten bei diesem Maß bereits größere Abweichungen beobachtet werden. Dies hängt vermutlich mit der Form- und Lageabweichung der gemessenen Fläche zusammen.

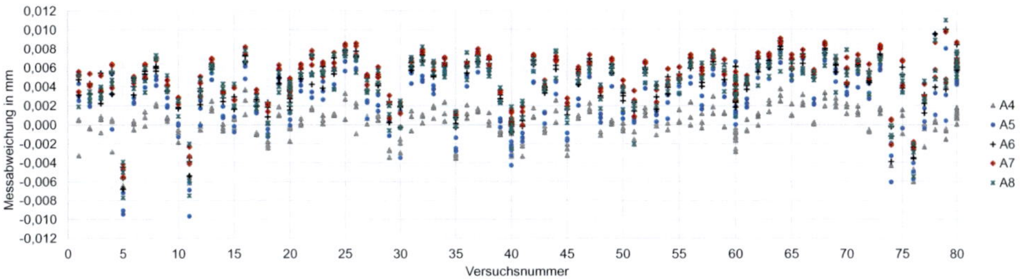

Abbildung 4.40: Messabweichung der bidirektionalen Maße am Treppenkörper je Messung

4.3.5 Exemplarische Messunsicherheitsermittlung

An den wiederholt gemessenen Versuchsnummern *VN20*, *VN40*, *VN60* und *VN80* wird für ausgewählte Merkmale des Stufenzylinders sowie Treppenkörpers jeweils eine Mess-

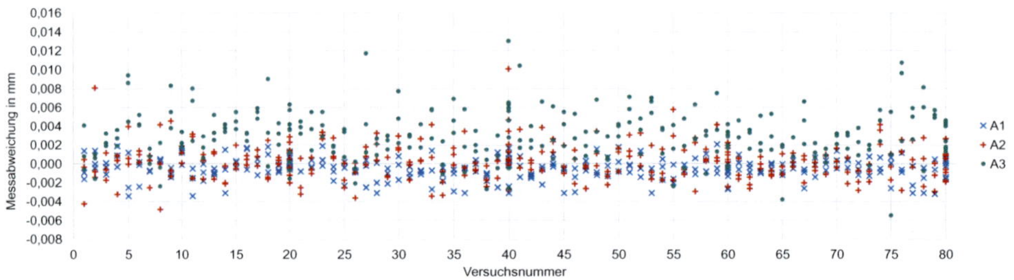

Abbildung 4.41: Messabweichung der unidirektionalen Maße am Treppenkörper je Messung

unsicherheitsermittlung durchgeführt. Für den Stufenzylinder stehen damit sechs, für den Treppenkörper neun Wiederholmessungen zur Verfügung. Die Scanparameter der entsprechenden Scans sind Tabellen 4.20 und 4.21 zu entnehmen.

VN	Spannung	Strom	x-Position	Gain
20	112	164	436	8
40	105	194	377	8
60	114	256	442	2,5
80	105	135	386	8

Tabelle 4.20: Scanparameter Stufenzylinder

VN	Spannung	Strom	x-Position	Gain
20	102	162	323	2,5
40	105	164	444	2,5
60	103	290	338	8
80	123	245	312	1

Tabelle 4.21: Scanparameter Treppenkörper

Die erweiterte Messunsicherheit U wird gemäß VDI/VDE 2630-2.1 wie folgt ermittelt:

$$U = k\sqrt{u_{cal}^2 + u_p^2 + u_w^2 + u_{Iso}^2 + u_{bt}^2 + b^2} \tag{4.4}$$

Gleichung (2.16) wird somit um die Unsicherheit der Korrektur der Temperaturausdehnung u_{bt} ergänzt. u_w setzt sich aus den Unsicherheiten der Temperaturabweichung $u_{\Delta tw}$ sowie der Unsicherheit der Temperaturausdehnung des Werkstücks $u_{\alpha tw}$ zusammen (vgl. Kapitel 4.1.2). Zusätzlich wird die Unsicherheit der Oberflächenbestimmung mit 10 % der Voxelgröße als u_{Iso} berücksichtigt (vgl. (Hiller & Kasperl 2010)).

Aufgrund der geringen Anzahl an Wiederholmessungen wird die Standardabweichung der Messwerte aus den Wiederholmessungen zur Ermittlung der Standardunsicherheit u_p mit einem Erweiterungsfaktor c multipliziert, um eine Unterschätzung der Messunsicherheit zu vermeiden (vgl. DIN EN ISO 14253-1). Basierend auf der Student-t-Verteilung gilt für eine sechsfache Wiederholung c = 1,3 und für eine neunfache Wiederholung der Messung c = 1,2 (vgl. (Schmitt & Niggemann 2010b)). Als Erweiterungsfaktor k für die Berechnung der erweiterten Messunsicherheit wird k = 2 gewählt, um eine Überdeckungswahrscheinlichkeit von 95 % zu gewährleisten.

Aufgrund der standardisierten und automatisierten Auswertung sowie der Korrektur von Skalierungs-, Achs- und Detektorfehlern beträgt die Standardunsicherheit u_p jeweils weniger als 2 µm. Dahingegen ist eine systematische Abweichung b zu erkennen. Abbildung 4.42 zeigt exemplarisch den Zusammenhang zwischen Standardunsicherheit u_p, der absoluten systematischen Abweichung $|b|$ und der erweiterten Messunsicherheit ohne Berücksichtigung der systematischen Abweichung U beziehungsweise mit Berücksichtigung der systematischen Abweichung $U(b)$ am Stufenzylinder (vgl. Kapitel 2.2).

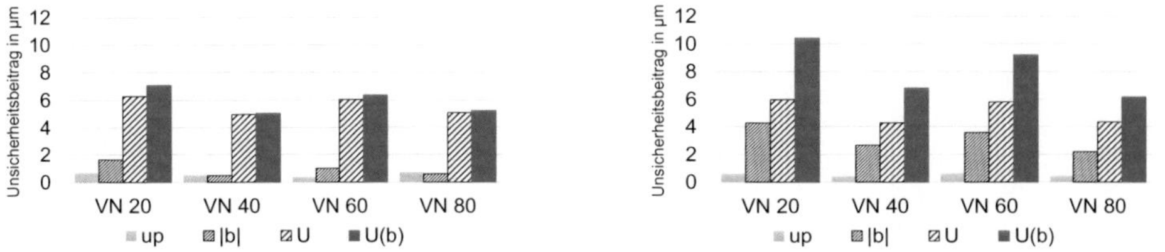

(a) Abstand *A1* *(b)* Durchmesser *D5*

Abbildung 4.42: Standardunsicherheit, systematische Abweichung und Messunsicherheit des Messprozesses abhängig von der Parametereinstellung beim Stufenzylinder

Es ist ersichtlich, dass bei dem schwellwertunabhängigen Abstandsmaß *A1* die absolute systematische Abweichung $|b|$ wesentlich geringer ausfällt als beim schwellwertabhängigen Durchmesser *D5*. Damit erhöht sich auch die erweiterte Messunsicherheit $U(b)$ des Durchmessers *D5* deutlich. Zusätzlich ist die Abhängigkeit der systematischen Abweichung b des schwellwertabhängigen Maßes *D5* von der Parametereinstellung deutlich höher. Diese verhältnismäßig hohe systematische Abweichung tritt bei allen bidirektionalen Maßen am Stufenzylinder auf. Die Messunsicherheitsermittlungen der weiteren Maße können Anhang A.2 entnommen werden.

Auch beim Treppenkörper sind Unterschiede zwischen den schwellwertabhängigen und schwellwertunabhängigen Maßen ersichtlich (Abbildung 4.43). Die absolute systematische

Abweichung $|b|$ ist hier beim schwellwertabhängigen Abstand *A4* im Vergleich zum schwellwertunabhängigen Abstand *A1* bei *VN40* höher, womit ebenfalls die erweiterte Messunsicherheit $U(b)$ steigt.

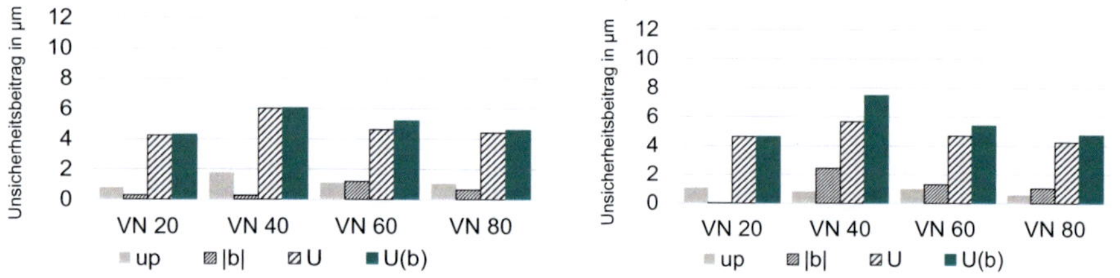

(a) Abstand *A1*   *(b)* Abstand *A4*

Abbildung 4.43: Standardunsicherheit, systematische Abweichung und Messunsicherheit des Messprozesses abhängig von der Parametereinstellung beim Treppenkörper

4.3.6 Modell

Im Folgenden wird basierend auf den Versuchsergebnissen aus Kapitel 4.3.4 ein adäquates mathematisches Modell aufgestellt, das den Zusammenhang zwischen der Messabweichung im Volumenmodell und den zuvor ausgewählten Kenngrößen der Bildqualität von Einzelprojektionen beschreibt.

Da beide Bauteile sehr unterschiedlich sind, müssen zunächst die Messabweichungen beider Bauteile getrennt betrachtet werden. Es werden daher zwei getrennte Modelle aufgestellt. Bei beiden Bauteilen werden nur die bidirektionalen Maße berücksichtigt. Zur Modellbildung für den Stufenkörper wird ein Durchschnittswert der Abweichungen gebildet. Der Innendurchmesser $D1$ wird wegen seines gegenläufigen Verhaltens aufgrund der Schwellwertabhängigkeit mit dem Faktor -1 multipliziert.

Es wird jeweils ein Regressionsmodell zweiter Ordnung mit Zielgröße der durchschnittlichen Messabweichung Y gewählt, das ebenfalls Wechselwirkungen zwischen den ausgewählten Bildqualitätskenngrößen Var_{gl} und G_{th} sowie deren quadratische Terme berücksichtigt. Hierzu wird für jeden Scan die jeweilige Bildqualitätskenngröße über alle Projektionen innerhalb der ROI gemittelt und der Mittelwert der Bildqualitätskenngrößen in das Modell eingegeben. Die Modellbildung wird mit der Statistiksoftware Minitab 17 durchgeführt. Daher kann das Modell wie folgt ausgedrückt werden:

$$Y = b_0 + b_1 G_{th} + b_2 Var_{gl} + b_3 G_{th} Var_{gl} + b_4 G_{th}^2 + b_5 Var_{gl}^2 + \epsilon \tag{4.5}$$

Dabei stellt ϵ die Residuen dar. b_0 ist ein konstanter Term, während b_i die Gewichtung der einzelnen Bildqualitätskenngrößen beschreibt. Das Modell wird mit der Methode der kleinsten Fehlerquadrate gefittet. (vgl. (Siebertz, Bebber & Hochkirchen 2010))

Zur Vorbereitung der eigentlichen Modellbildung wird zunächst überprüft, ob die ausgewählten Bildqualitätskenngrößen globale Varianz Var_{gl} und Thresholded Gradient G_{th} mit Schwellwert T = 1000 linear korreliert sind. Der Test auf lineare Korrelation zwischen den beiden Variablen zeigt, dass die beiden Bildqualitätskenngrößen mit ρ_p < 0,5 als voneinander unabhängig betrachtet werden können (Tabelle 4.22).

Messobjekt	ρ_p
Stufenzylinder	0,18
Treppenkörper	0,14

Tabelle 4.22: Korrelationsanalyse der beiden Bildqualitätskenngröße Var_{gl} und G_{th}

Abbildungen 4.44 und 4.45 zeigen die Scatterplots der ausgewählten Parameter Var_{gl} und G_{th} über die Zielgröße der jeweiligen Messabweichung am Messobjekt. Beim Stufenzylinder werden - wie bereits erwähnt - die Messungen *VN6*, *VN47* und *VN68* als Ausreißer nicht berücksichtigt. Auch beim Treppenkörper sind Ausreißer ersichtlich. Es handelt sich hierbei um *VN22* und *VN70*. Bei allen drei Wiederholungen der Versuche zeigen sich auffällig hohe Werte für G_{th}. Sie werden daher bei der Modellbildung ebenfalls nicht berücksichtigt.

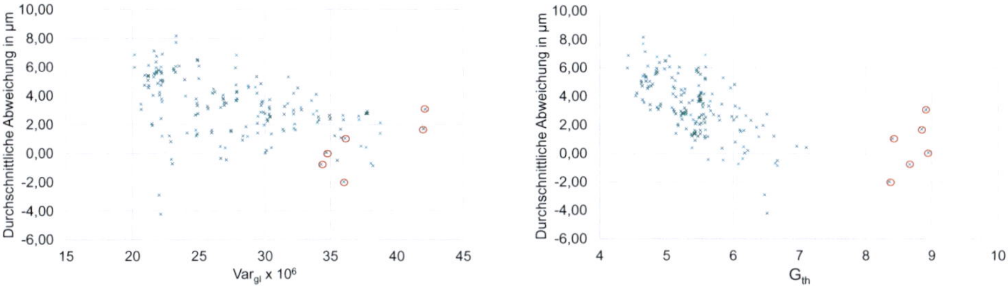

(a) Var_{gl} (b) G_{th}

Abbildung 4.44: Scatterplots der Bildqualitätskenngrößen über die durchschnittliche Durchmesserabweichung beim Stufenzylinder. Im Modell nicht berücksichtigte Ausreißer sind eingekreist.

Zur Modellbildung beim Stufenzylinder wird eine schrittweise Selektion der Variablen vorgenommen und mittels einer Varianzanalyse die statistische Signifikanz der Einflussgrößen

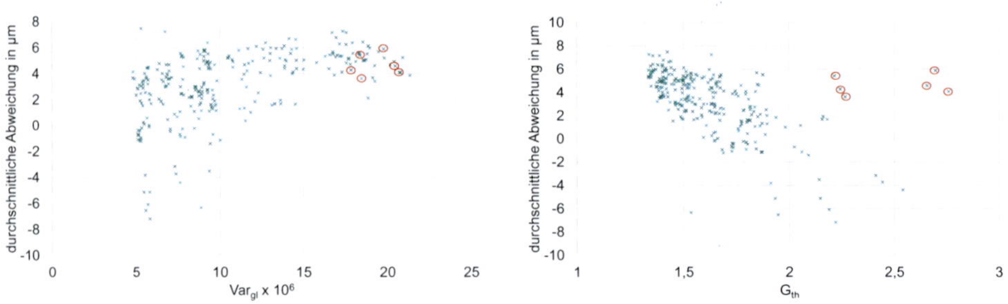

(a) Var_{gl} (b) G_{th}

Abbildung 4.45: Scatterplots der Bildqualitätskenngrößen über die Messabweichung des Abstands $A5$ beim Treppenkörper. Im Modell nicht berücksichtigte Ausreißer sind eingekreist.

überprüft (Tabelle 4.23). Ist der p-Wert kleiner als das Signifikanzniveau α = 0,001, kann von einem signifikanten Einfluss der Faktoren ausgegangen werden. (vgl. (Davim 2016))

Es zeigt sich, dass von der Signifikanz von G_{th} für die durchschnittliche Messabweichung ausgegangen werden kann. Allerdings sind der lineare Term der Varianz Var_{gl} (p = 0,66) sowie der quadratische Term G_{th}^2 (p = 0,01) nicht signifikant.

Es ergibt sich für das quadratische Modell des Stufenzylinders mir R_{adj}^2 = 0,47:

$$Y_1 = 26,41 - 5,94G_{th} - 0,0127 \cdot 10^{-12}Var_{gl}^2 + 0,1265G_{th} \cdot Var_{gl} \tag{4.6}$$

Das quadratische Modell kann also knapp die Hälfte der Varianz der Messabweichung erklären. Zu beachten ist, dass der Gradient G_{th} mit einem Beitrag von 43,85 % den größten Erklärwert der Terme im Modell liefert.

	Quadratsumme der Abweichungen	Mittlere quadratische Abweichung	p-Wert
G_{th}	55,20	55,201	0,000
Var_{gl}^2	24,51	24,513	0,001
$G_{th} \cdot Var_{gl}$	21,63	21,629	0,002

Tabelle 4.23: Ergebnisse der Varianzanalyse für das Modell des Stufenzylinders

Tabelle 4.24 zeigt die Ergebnisse der Varianzanalyse für den Treppenkörper. Wie beim Stufenzylinder ist der lineare Term der globalen Varianz Var_{gl} selbst nicht signifikant (p = 0,735), und wird daher in der schrittweisen Selektion aus dem Modell entfernt. Allerdings werden quadratischer Term und die Wechselwirkung mit dem Gradienten G_{th} berücksichtigt.

	Quadratsumme der Abweichungen	Mittlere quadratische Abweichung	p-Wert
G_{th}	59,47	59,467	0,000
G_{th}^2	10,20	10,198	0,008
Var_{gl}^2	73,91	73,909	0,000
$G_{th} \cdot Var_{gl}$	156,79	156,790	0,000

Tabelle 4.24: Ergebnisse der Varianzanalyse für das quadratische Modell des Treppenkörpers

Es ergibt sich damit als quadratisches Modell mit R^2_{adj} = 0,80:

$$Y_2 = 28,07 - 23,94G_{th} + 2,74G_{th}^2 - 0,02690 \cdot 10^{-12}Var_{gl}^2 + 0,5895G_{th} \cdot Var_{gl} \quad (4.7)$$

Vergleicht man nun die Haupteffekte von Stufenzylinder und Treppenkörper, so ist zu erkennen, dass sich die globale Varianz in beiden Fällen gegensätzlich verhält (Abbildung 4.46). Beim Stufenzylinder weist sie einen positiven Trend auf, während sie beim Treppenkörper einen negativen Einfluss hat. Der Einfluss des durch die globale Varianz beschriebenen Kontrasts auf die Messabweichung kann daher im Rahmen der Untersuchung nur unzureichend erklärt werden. Untersuchungen an manipulierten Projektionen konnten aufgrund des Strukturrauschens am Detektor nicht durchgeführt werden (vgl. Kapitel 4.2.3.2). Aus den vorliegenden Untersuchungen ist kein allgemeingültiges Modell für den Einfluss der globalen Varianz ableitbar. Zwar liegt bei beiden Messobjekten ein quadratischer Zusammenhang zwischen globaler Varianz und Messabweichung vor, dieser ist aber stark unterschiedlich ausgeprägt.

Der Gradient hingegen verhält sich bei beiden Messobjekten ähnlich. Der quadratische Term des Gradienten am Treppenkörper hat mit zunehmendem Gradienten Einfluss auf den Haupteffekt. Dieser Term kann durch die große Streuung sowie eine geringe Anzahl der Ausgangsdaten im Bereich der hohen Werte für den Gradienten erklärt werden (vgl. Abbildung 4.45(b)).

Da das Ziel der Analyse das Aufstellen eines auf verschiedene Bauteile anwendbares Modell ist, wird im nächsten Schritt auf die Modellierung der Varianz verzichtet und damit ein geringerer Erklärungswert des Modells in Kauf genommen, das aber eine höheren Gültigkeitsbereich aufweist.

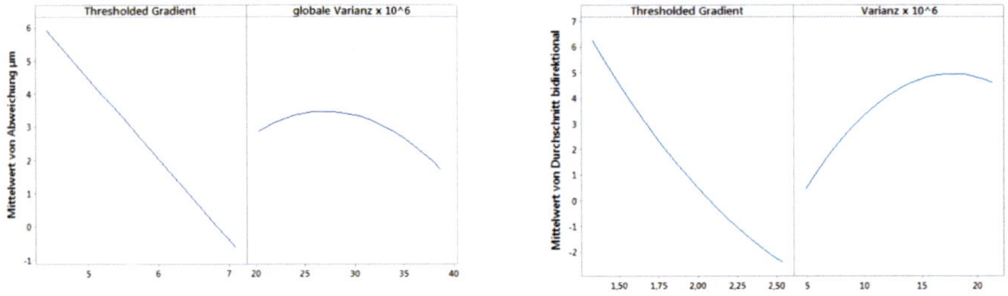

(a) Stufenzylinder *(b)* Treppenkörper

Abbildung 4.46: Hauteffekte der quadratischen Modellgleichungen

Modelliert man nun ein Modell zwischen Messabweichung und G_{th} ohne Berücksichtigung der globalen Varianz, ergibt sich für den Treppenkörper eine lineare Beziehung. Ein quadratischer Term ist mit einem p = 0,79 nicht signifikant. Die Modellgleichung lautet also wie folgt:

$$Y_3 = 17,218 - 8,718 \cdot G_{th} \tag{4.8}$$

Es ergeben sich ein R^2_{adj} = 0,49 und ein Korrelationskoeffizient ρ_p = $-$0,71. Die Residuen des Modells sind normalverteilt (Abbildung 4.47).

(a) Wahrscheinlichkeitsnetz *(b)* Histogramm

Abbildung 4.47: Residuen des linearen Modells für den Treppenkörper

Ebenso wird für den Stufenzylinder ein lineares Modell zwischen durchschnittlicher Messabweichung und G_{th} gewählt, da hier ebenfalls der quadratische Term nicht signifikant (p = 0,65) ist. Für das Modell ergeben sich ein R^2_{adj} = 0,44 und ein Korrelationskoeffizient ρ_p = $-$0,66.

Die Modellgleichung des Stufenzylinders lautet daher:

$$Y_4 = 17,04 - 2,534 \cdot G_{th} \tag{4.9}$$

Abbildung 4.48 zeigt, dass beim linearen Modell für den Stufenzylinder von einer Normalverteilung der Residuen ausgegangen werden kann.

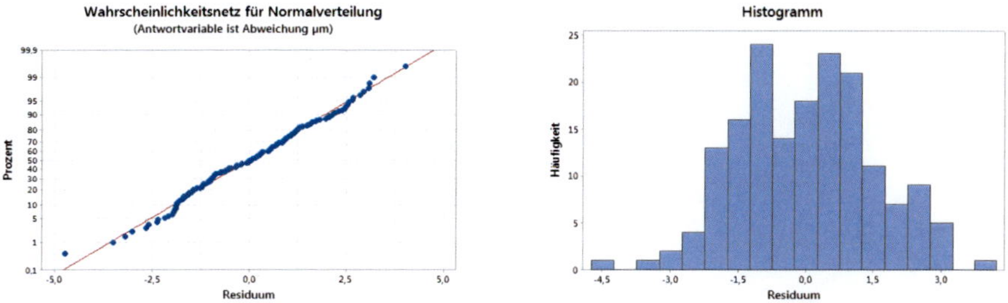

(a) Wahrscheinlichkeitsnetz *(b)* Histogramm

Abbildung 4.48: Residuen des linearen Modells für den Stufenzylinder

Der Gradient mit Schwellwert kann zwar keine vollständige Erklärung der Varianz der Messergebnisse liefern, er verhält sich aber bei beiden Messobjekten fast identisch und kann zumindest mit einem R^2_{adj} = 0,49 beziehungsweise 0,44 einen Teil der Messabweichung erklären. Er wird daher zur automatisierten Einstellung der Aufnahmeparameter eingesetzt.

Hierzu muss zunächst der Gradient ermittelt werden, der bei der geringsten Messabweichung auftritt. Daher werden beide Modelle auf die Messabweichung y_i = 0 optimiert.

Beim Stufenzylinder ergibt sich der gewünschte Gradient mit $G_{th_{Ziel}}$ = 6,72 mit einem 95 % Konfidenzintervall der Abweichung von $\pm$ 0,62. Der maximale Gradient des Versuchsplans beträgt dabei $G_{th_{max}}$ = 8,94, der Zielwert entspricht also ca. 75 % des Maximalwerts.

Beim Treppenkörper ergibt sich der Gradient zu G_{th} = 1,97 mit einem 95 % Konfidenzintervall der Abweichung von $\pm$ 0,45. Der maximale Gradient $G_{th_{max}}$ beträgt dabei im Modell $G_{th_{max}}$ = 2,76. Somit entspricht der gewünschte Gradient $G_{th\,Ziel}$ etwa 71 % des Maximalwerts.

Da der absolute Wert des gewünschten Gradienten stark vom Bildinhalt abhängt und daher kein allgemeingültiger Zielwert für G_{th} gewählt werden kann, wird der optimaler Gradient $G_{th_{Ziel}}$ in Abhängigkeit vom maximal erreichbaren Gradienten $G_{th_{max}}$ als relatives Maß $G_{th_{Ziel}}$ = 0,73 $G_{th_{max}}$ definiert.

Dabei ist $G_{th_{max}}$ der maximal erreichbare Gradient für das gewählte Messobjekt in der spezifisch betrachteten Winkelstellung. Setzt man nun G_{th} = 0,73 $G_{th_{max}}$ in die beiden linearen Modelle ein, so wirkt sich dies beim Stufenzylinders mit einer Abweichung von + 0,5 µm aus, beim Treppenkörper mit ca. −0,3 µm. Beide Werte liegen in der Regel innerhalb der Kalibrierunsicherheit von Bauteilen, so dass sie noch als akzeptabel angesehen werden können und ein allgemeiner Zusammenhang zwischen Messabweichung und Gradient abgeleitet werden kann.

4.4 Einstellung von Aufnahmeparametern mittels Optimierungsalgorithmus

In diesem Kapitel wird der Optimierungsalgorithmus für die projektionsbasierte Einstellung der Aufnahmeparameter am Computertomographen beschrieben, der einen Parametersatz an Einstellparametern liefert, mit dem eine Messung mit möglichst geringer systematischer Messabweichung möglich ist. Einschränkungen, bedingt durch die physikalischen und technischen Eigenschaften des Computertomographen, werden über Nebenbedingungen berücksichtigt oder in die Zielfunktion des Optimierungsalgorithmus integriert. Damit wird letztlich der Lösungsraum implizit auf den realen Raum von Möglichkeiten eingeschränkt. Am Ende entsteht eine Optimierungsmethode, mit der eine automatisierte Bestimmung der vorteilhaften Parameterkonfiguration möglich ist, die in Software demonstriert wird (siehe Kapitel 5.1).

Abbildung 4.49 veranschaulicht das Vorgehen zur projektionsbasierten Einstellung der Aufnahmeparameter. Zunächst werden die Vorbereitungen für die Optimierung getroffen, in die der Anwender eingebunden ist (Kapitel 4.4.1). Nach der Formulierung der Nutzenfunktion (Kapitel 4.4.2) und der Einschränkung des Optimierungsproblems durch Nebenbedingungen (Kapitel 4.4.3) kann schließlich die Zielfunktion abgeleitet werden. Die Lösung erfolgt mittels eines genetischen Algorithmus (4.4.4).

4.4.1 Vorbereitung vor der Optimierung

Zuerst wird das zu messende Bauteil manuell in einer entsprechend geeigneten Halterung auf dem Drehteller positioniert. Vor dem Start der projektionsbasierten Optimierung muss außerdem vom Anwender eine material- und geometrieabhängige Auswahl des Vorfilters getroffen werden, der sowohl während der projektionsbasierten Optimierung als auch während der darauffolgenden Messung verwendet wird. Eine automatische Auswahl eines geeigneten

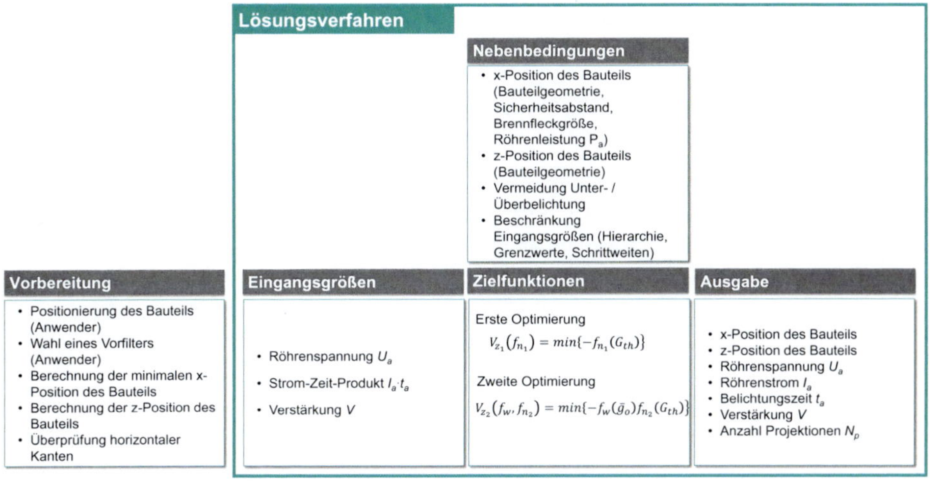

Abbildung 4.49: Einstellung von Aufnahmeparametern mittels Optimierungsalgorithmus

Vorfilters ist rein projektionsbasiert nicht möglich, da diese insbesondere vom Absorptionsverhalten sowie der Durchstrahlungslänge des zu messenden Bauteils abhängt (vgl. Kapitel 2.1.4).

Um eine möglichst hohe Auflösung zu erreichen, soll die maximal mögliche Vergrößerung des Bauteils beziehungsweise minimale x-Position des Drehtellers gewählt werden. Hierzu werden in einer vorgegebenen Startposition (x_{Start}, z_{Start}) einzelne Projektionen in unterschiedlichen Winkelstellungen des Drehtellers aufgenommen. Ein Kantenerkennungsalgorithmus erfasst die äußere Kontur des abgebildeten Bauteils in jeder Projektion. Durch die Aufnahme in mehreren Winkelstellungen kann so die Geometrie des Bauteils grob abgeleitet werden.

Darauf aufbauend lässt sich der minimal zulässige Abstand des Bauteils zur Röntgenquelle zur vollständigen Abbildung des Bauteils auf dem Detektor berechnen. Dieser Prozess ist allerdings nur als Näherung zu sehen, da hier ein Kompromiss zwischen Positioniergenauigkeit und Laufzeit, das heißt der Anzahl der aufzunehmenden Projektionen, getroffen werden muss. Die so berechnete x-Position x_a ist Teil der Nebenbedingungen für den folgenden Optimierungsschritt.

Zusätzlich erfolgt im selben Zug auf Basis der Kantenerkennung eine Neupositionierung in z-Richtung, so dass das Bauteil mittig auf dem Detektor abgebildet ist. Dies dient zum einen zur größtmöglichen Ausnutzung der Vergrößerung, zum anderen aber auch zur Reduktion von Kegelstrahlartefakten. Je näher das Bauteil am äußeren Rand des Detektors abgebildet wird, desto wahrscheinlicher ist ein Einfluss von Kegelstrahlartefakten (vgl. Kapitel 2.1.5).

Außerdem wird bei jeder Aufnahme überprüft, ob das Bauteil korrekt positioniert wurde, also ob horizontale Kanten in den aufgenommenen Projektionen zu sehen sind. Diese Überprüfung dient zur Vermeidung von Feldkamp-Artefakten und erfolgt mittels Bilderkennungsalgorithmen auf Basis der Hough-Transformation. Nach einer Kantendetektion wird untersucht, ob erkannte Objektkanten einer Linienstruktur mit einem maximalen Winkel von 10° zur Horizontalen entsprechen (vgl. (Nischwitz, Fischer & Habersäcker 2007)). Ist dies der Fall, wird eine Warnmeldung ausgegeben und der Anwender bekommt die Möglichkeit, das Bauteil gegebenenfalls neu zu positionieren.

4.4.2 Nutzenfunktion auf Basis der Bildqualität

Aufgrund der Tatsache, dass der Gradient G_{th} eine starke Abhängigkeit von Bildinhalten aufweist, kann kein allgemeiner Zielwert für den Gradienten festgelegt werden. Vergleicht man allerdings die Projektionen in der gleichen Winkelstellung des Drehtellers, so ist eine Korrelation des Gradienten mit der Messabweichung zu sehen. Aus den Untersuchungsergebnissen in Kapitel 4.3 ist ersichtlich, dass die geringste Messabweichung bei einem Gradienten $G_{th_{Ziel}}$ von ca. 73 % des individuellen, maximal erreichbaren Gradienten $G_{th_{max}}$ auftritt. Daher wird eine zweistufige Optimierung durchgeführt.

Im ersten Optimierungslauf wird der maximal erreichbare Gradient $G_{th_{max}}$ in einer festgelegten Winkelstellung des Bauteils bestimmt. Darauf aufbauend wird der individuelle $G_{th_{Ziel}}$ berechnet. Somit lautet die Nutzenfunktion des ersten Optimierungsdurchlaufs:

$$f_{n_1} = G_{th} \tag{4.10}$$

Nach dem ersten Optimierungslauf steht damit der bauteil- und positionsspezifische, maximal erreichbare $G_{th_{max}}$ zur Verfügung. Gemäß den Analysen in Kapitel 4.3 kann von einer minimalen Messabweichung ausgegangen werden, wenn

$$G_{th_{Ziel}} = 0,73 \cdot G_{th_{max}} \tag{4.11}$$

ist. Um das Zielkriterium auf ein Intervall [0, 1] zu normieren, wird eine Nutzenfunktion mit Dreiecksform gewählt, die Werte zwischen 0 und 1 annehmen kann. Alle Werte des G_{th}, die um mehr als 50 % vom Zielwert abweichen, werden dabei mit 0 bewertet:

$$f_{n_2} = \begin{cases} 0 & \text{für } G_{th} < 0,5 G_{th_{Ziel}} \\ 2 \cdot \left(\frac{G_{th}}{G_{th_{Ziel}}} - 0,5 \right) & \text{für } 0,5 G_{th_{Ziel}} < G_{th} <= G_{th_{Ziel}} \\ 3 - \frac{2 G_{th}}{G_{th_{Ziel}}} & \text{für } G_{th_{Ziel}} < G_{th} <= 1,5 G_{th_{Ziel}} \\ 0 & \text{für } G_{th} > 1,5 G_{thZiel} \end{cases} \quad (4.12)$$

Vorteilhaft ist, dass diese Vorgehensweise komplett unabhängig vom Bildinhalt funktioniert und somit auf alle Bauteile anwendbar ist. Nachteilig ist die Tatsache, dass zwei Optimierungsläufe benötigt werden, so dass die Laufzeit der Optimierung insgesamt größer wird.

4.4.3 Nebenbedingungen

Neben der bereits beschriebenen Einschränkung der x-Position aufgrund der Abbildung des Bauteils auf dem Detektor muss ebenfalls die Brennfleckgröße berücksichtigt werden. Diese ist abhängig von der Röhrenleistung P_a. Um eine unscharfe Abbildung zu vermeiden, darf der Brennfleckdurchmesser maximal gleich der projizierten Pixelgröße beziehungsweise Voxelgröße sein (vgl. Kapitel 2.1.2) und limitiert somit ebenfalls die erreichbare Vergrößerung beziehungsweise minimale x-Position.

Um eine Kollision des Drehtellers mit der Röntgenröhre zu vermeiden, wird zusätzlich ein Sicherheitsabstand x_{s1} zum Austrittsfenster der Röntgenröhre eingeführt. Des Weiteren wird die maximale x-Position des Drehtellers x_{s2} als Sicherheitsabstand zum Detektor festgelegt.

Vor jeder Aufnahme einer Röntgenprojektion mit definierter Röhrenleistung P_a wird also überprüft, ob die minimal mögliche Position auf Basis der maximalen Ausnutzung des Detektors aufgrund der zwei Nebenbedingungen Brennfleckgröße und Sicherheitsabstand angefahren werden kann. Ist dies nicht der Fall, wird die aufgrund der Bedingungen zulässige minimale x-Position gewählt.

Die x-Position x_{min} ergibt sich also aus

$$x_{min} = min(\{max(\{x_a, x_{br}, x_{s1}\}), x_{s2}\}). \quad (4.13)$$

Um Artefakte zu vermeiden, muss außerdem eine Über- beziehungsweise Unterbelichtung des Detektors ausgeschlossen werden, da diese zu nicht korrigierbaren Nichtlinearitäten der

Detektorantwort führen kann (vgl. Kapitel 2.1.5). Allerdings geht die Information über eine Über- beziehungsweise Unterbelichtung im Rahmen eines CT-Scans verloren, da als letzter Korrekturschritt die gesamte Projektion mittels der dynamischen Grauwertbestimmung normalisiert wird (vgl. Kapitel 2.1.5). Die Überprüfung von Unter- beziehungsweise Überbelichtung wird daher vor der Normierung der aufgenommenen Projektion vorgenommen und erfolgt anhand des unkorrigierten mittleren Hintergrundsignals $\bar{g}_h$. Da auch das Hintergrundsignal einer Verteilung folgt, werden die Grenzen für $\bar{g}_h$ so gewählt, dass im Regelfall die gesamte Verteilung des Signals im linearen Detektorbereich liegt.

Daher wird für die Nutzenfunktionen f_{n_i} der zwei Optimierungsläufe folgendes festgelegt:

$$f_{n_i} = \begin{cases} 0 & \text{für } \bar{g}_h \leq \bar{g}_{h_{UGW}} \\ f_{n_i} & \text{für } \bar{g}_{h_{UGW}} < \bar{g}_h \leq \bar{g}_{h_{OGW}} \\ 0 & \text{für } \bar{g}_h > \bar{g}_{h_{OGW}} \end{cases} \tag{4.14}$$

Auch der mittlere Grauwert des Objekts $\bar{g}_o$ kann ebenfalls im unterbelichteten Bereich des Detektors liegen. Eine solche Unterbelichtung des Bauteils ist zwar unvorteilhaft, kann aber, insbesondere bei Bauteilen mit hoher Dichte und großen Durchstrahlungslängen wie dem Aluminium-Stufenzylinder, nicht immer vermieden werden. Daher fließt eine Bewertung der Unterbelichtung des Bauteils in die Zielfunktion ein. Dies geschieht durch die Einführung einer zusätzlichen Gewichtungsfunktion f_w, der den mittleren Grauwert des Objekts $\bar{g}_o$ der unkorrigierten Projektion im zweiten Optimierungslauf mit den oberen und unteren Grenzwerten $g_{o_{OGW}}$ beziehungsweise $g_{o_{UGW}}$ wie folgt bewertet:

$$f_w = \begin{cases} \frac{g_{o_{OGW}} - \bar{g}_o}{g_{o_{OGW}} - g_{o_{UGW}}} & \text{für } g_{o_{UGW}} < \bar{g}_o \leq g_{o_{OGW}} \\ 1 & \text{für } \bar{g}_o \leq g_{o_{UGW}} \end{cases} \tag{4.15}$$

Somit lauten die Zielfunktionen der zwei Optimierungsläufe wie folgt:

$$V_{z_1}(f_{n_1}) = min\left\{-f_{n_1}\right\} \tag{4.16}$$

und

$$V_{z_2}(f_w, f_{n_2}) = min\left\{-f_w \cdot f_{n_2}\right\} \tag{4.17}$$

4.4.4 Lösungsverfahren

Die einzustellenden Aufnahmeparameter und somit Eingangsgrößen für die Optimierung sind Spannung, Strom-Zeit-Produkt und Verstärkung. Die x-Position x_{min} ergibt sich aus den beschriebenen Nebenbedingungen gemäß Gleichung (4.13). Beim Strom-Zeit-Produkt wird ein hierarchisches Vorgehen zur Einstellung von Strom beziehungsweise Zeit gewählt, wobei die Zeit minimiert wird. Dies erfolgt aufgrund von wirtschaftlichen Überlegungen, da eine längere Belichtungszeit zu einer längeren Messdauer am Computertomographen führt, was in der industriellen Anwendung unerwünscht ist. Allerdings führt der somit höhere Strom zu einem größeren Brennfleck. Da aber bei der Positionierung des Bauteils in der Regel die Beschränkungen aufgrund der Bauteil- und Brennfleckgröße überwiegen, hat der höhere Strom meist keinen nachteiligen Effekt auf die erzielbare Auflösung.

Um ein möglichst breites Feld an Parameterkombinationen der Aufnahmeparameter abzudecken, wird zur Lösung des Optimierungsproblems ein genetischer Algorithmus eingesetzt. Ausgehend von einer Startpopulation von möglichen Parameterkombinationen werden die jeweiligen Röntgen-Projektionen erzeugt und hinsichtlich des Gradienten G_{th} ausgewertet. Die am besten abschneidende Parameterkombination wird im nächsten Schritt verändert, beispielsweise mutiert oder rekombiniert. Die so neu erzeugten Parameterkombinationen werden dann in der nächsten Generation zur Aufnahme der Einzelprojektionen verwendet. Da der Optimierungslauf in zwei Stufen verläuft, wird zunächst das Minimum der Zielfunktion gemäß Gleichung (4.16) gesucht. Danach wird eine neue Zielfunktion mit dem Ziel G_{th} = 0,73 $\cdot G_{th_{max}}$ gemäß Gleichung (4.17) aufgestellt. Durch die Variation der Einstellparameter nähert sich der genetische Algorithmus einem Minimum an.

Wird eine definierte Güte der Lösung erreicht oder kommt es zu keiner Änderung der Lösungen unter den Generationen mehr, bricht der Algorithmus ab und die am besten bewerteten Aufnahmeparameter werden ausgegeben.

Die Berechnung der Anzahl der benötigen Projektionen pro Scan ist der letzte Schritt der projektionsbasierten Parametereinstellung. Hierzu wird die minimale Anzahl der Projektionen gemäß dem Nyquist-Kriterium auf Basis der durch die Optimierung gefundenen x-Position des Drehtellers x_{min} und der daraus resultierenden Abbildung des Bauteils auf dem Detektor berechnet (vgl. Kapitel 2.1.6). Nach Formel (2.9) ist es ausreichend, die minimale Anzahl der Einzelprojektionen N_{proj} gleich der maximalen Anzahl der Objektpixel N_p in horizontaler Richtung zu setzen.

Mit dem nun vollständigen Parameterset kann der nachfolgende Scan gestartet werden.

5 Implementierung und exemplarische Anwendung

Inhalt dieses Kapitels ist die praktische Erprobung der erzielten Forschungsergebnisse. Die entwickelte Methodik zur Einstellung von Aufnahmeparametern wird in einem Softwaredemonstrator prototypisch implementiert, der zur Erprobung der Methodik eingesetzt wird (Kapitel 5.1).

Die Erprobung des aufgezeigten Lösungsansatzes erfolgt anhand von bauteilähnlichen Probekörpern, die mittels taktiler Koordinatenmesstechnik kalibriert werden. Danach werden mit einem Zeiss Metrotom 800 computertomographische Vergleichsmessungen durchgeführt, wobei die Aufnahmeparameter auf Basis der entwickelten Methodik automatisiert bestimmt werden. Hier wird die Messunsicherheit ermittelt und die Ergebnisse der computertomographischen Messung mit denen der taktilen Referenzmessungen verglichen und kritisch evaluiert.

5.1 Prototypische Implementierung in einem Softwaretool

Die praktische Anwendung des beschriebenen Lösungsansatzes wird durch die Entwicklung eines Softwareprototypen sichergestellt. Der Prototyp besteht aus einem Software-Tool, das anhand einer graphischen Benutzeroberfläche (Graphical User Interface, GUI) bedient werden kann. Das Softwaretool kann sowohl zur Datenauswertung der Bildqualität zur Modellbildung (vgl. Kapitel 4.3) als auch – mit hinterlegtem Modell – zur Ermittlung der vorteilhaften Aufnahmeparameter eingesetzt werden.

Für den verwendeten Computertomographen Zeiss Metrotom 800 wird das in der Optimierung verwendete Lösungsverfahren in der Software konfiguriert. Zunächst müssen Minimal- und Maximalwerte von Röhrenspannung und -strom des Computertomographen berücksichtigt werden.

Zwar kann der Röhrenstrom I_a am verwendeten Computertomographen gemäß Tabelle 4.18 minimal 1 µA betragen, eine solch geringe Einstellung ist aber nicht sinnvoll. Das minimale

Strom-Zeit-Produkt ergibt sich daher aus der minimalen Einstellung des Computertomographen, bei der eine Unterbelichtung ausgeschlossen werden kann. Daher wird als minimaler Röhrenstrom 60 µA gewählt. Der maximale Röhrenstrom des Zeiss Metrotom 800 beträgt 300 µA. Die Einstellung des Röhrenstroms kann nur in ganzzahligen Schritten erfolgen. Daher gilt:

$$60\mu A \leq I_a \leq 300\mu A; I_a \in \mathbb{N} \tag{5.1}$$

Ähnlich verhält es sich mit der Röhrenspannung. Diese beträgt am Zeiss Metrotom minimal 20 kV. Realistischerweise wird aber mindestens eine Spannung von 90 kV benötigt. Die maximale Röhrenspannung des Zeiss Metrotom 800 beträgt hingegen 130 kV. Die Einstellung der Röhrenspannung wird auf eine Differenz ΔU_a von 5 kV beschränkt. Dies dient zur Verkleinerung des Lösungsraums und damit einer Zeitersparnis. Es gilt also:

$$90kV \leq 90 + n \cdot \Delta U_{a_i} \leq 130kV; \Delta U_a = 5kV, n \in 0, 1, ..., 8 \tag{5.2}$$

Die Belichtungszeit t_a am Metrotom kann nur in sechs diskreten Schritten erfolgen. Die maximale Belichtungszeit beträgt 1000 ms. Daraus folgt:

$$t_a \in \{133; 266; 300; 500; 670; 1000\}\, ms \tag{5.3}$$

Die elektronische Verstärkung V bietet ebenfalls nur drei Stufen zur Auswahl, die jeweils das am Detektor ankommende Signal mit dem Verstärkungsfaktor multiplizieren:

$$V \in \{1; 2,5; 8\} \tag{5.4}$$

Beim Metrotom 800 werden vier Brennfleckmodi unterschieden. Der Einfluss der durch die Röhrenleistung P_a vorgegebenen Brennfleckgröße f auf die minimal mögliche x-Position x_a im Maschinenkoordinatensystem führt damit zu dem in Tabelle 5.1 dargestellten Zusammenhang, der bei der Bauteilpositionierung gemäß Gleichung (4.13) Berücksichtigung findet. Weitere (Grenz-)Werte der Konfiguration sind in Tabelle 5.2 zu finden.

Maximale Röhrenleistung P_a in W	4	8	16	39
Brennfleckgröße f in µm	5	8	20	40
Minimale x-Position x_a in mm	16,5	35,4	111,0	237,0

Tabelle 5.1: Einfluss der Brennfleckmodi auf die minimale x-Position im Koordinatensystem des Metrotom 800 (Carl Zeiss AG 2012)

Beschreibung	Gleichung	Formelzeichen	Wert
Startposition (x-Richtung)	-	x_{Start}	400 mm
Startposition (z-Richtung)	-	z_{Start}	250 mm
x-Position aus Sicherheitsabstand zur Röntgenröhre	(4.13)	x_{s1}	100 mm
x-Position aus Sicherheitsabstand zum Detektor	(4.13)	x_{s2}	550 mm
Grenzwert für Überbelichtung Hintergrundsignal	(4.14)	$\bar{g}_{h_{UGW}}$	3000
Grenzwert für Unterbelichtung Hintergrundsignal	(4.14)	$\bar{g}_{h_{OGW}}$	14000
Grenzwert für Überbelichtung Objektsignal	(4.15)	$\bar{g}_{o_{OGW}}$	16383
Grenzwert für Unterbelichtung Objektsignal	(4.15)	$\bar{g}_{o_{UGW}}$	14800

Tabelle 5.2: Übersicht über die implementierten Parameter des Lösungsverfahrens am Zeiss Metrotom 800. Die Werte wurden experimentell ermittelt.

Um einen direkten Zugriff auf die Steuerung des Computertomographen zu ermöglichen, wurde von der Firma Carl Zeiss IMT GmbH ein C#-Interface zur Verfügung gestellt, das mit der Steuerung des Computertomographen Metrotom 800 kommuniziert. Eine Komponente des Softwaretools wurde daher in C# realisiert. Dieses erlaubt die direkte Einstellung der Aufnahmeparameter des Computertomographen während der Optimierung. Die zweite Komponente des Softwaretools, das die Auswertung der Einzelprojektionen, die Berechnung der

Bildqualitätsparameter sowie den Optimierungsalgorithmus umfasst, wurde dahingegen in Matlab implementiert, da dieses Programm Stärken in der Bildverarbeitung aufweist. Die Kommunikation relevanter Informationen zwischen C# und Matlab erfolgt über Textdateien. Alle Aktionen sind vom Anwender über die grafische Benutzeroberfläche in Matlab steuerbar.

Die graphische Benutzeroberfläche (Abbildung 5.1), aufbauend auf der Arbeit von A_Zimmer (2016), umfasst sowohl die Möglichkeit der nachgelagerten Bildqualitätsauswertung von kompletten CT-Scans oder Einzelprojektionen sowie die Benutzerinteraktion bei der Optimierung der Aufnahmeparameter direkt am verwendeten Computertomographen. Ist der Modus *Real Time Communication* gewählt, kann der Anwender das Softwareprogramm zur Einstellung der Aufnahmeparameter starten. Der Ablauf des Programms ist in Abbildung 5.2 dargestellt.

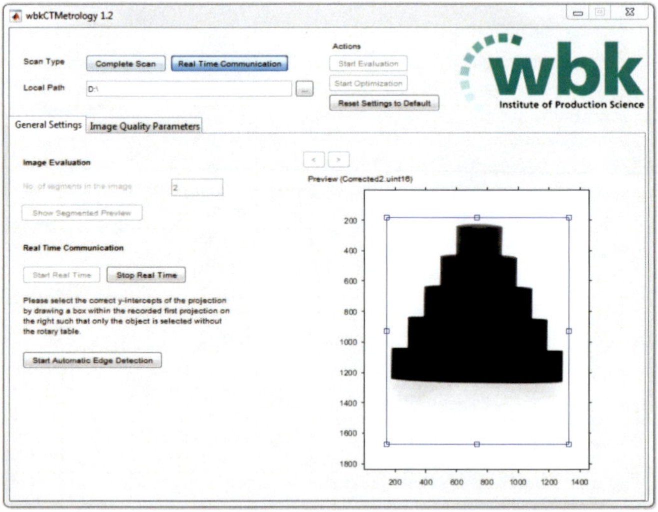

Abbildung 5.1: Grafische Benutzeroberfläche des entwickelten Softwaretools

Zunächst erfolgt eine erste Aufnahme einer Projektion mit Startparametern. Daraufhin muss der Benutzer das Bauteil in der in der GUI visualisierten Projektion markieren. Dadurch kann sichergestellt werden, dass weitere im Bild sichtbare Aufbauten (beispielsweise der Drehteller, die Einspannvorrichtung oder ein Temperatursensor) nicht in die Berechnung der Bildqualitätskenngrößen einfließen. Danach wird das Bauteil mittels einer Kantendetektion erkannt, wobei eine Überprüfung auf horizontale Kanten erfolgt. Treten diese auf, so bekommt der Anwender eine Warnmeldung und kann das Bauteil gegebenenfalls auf dem Drehteller repositionieren. Nach der Repositionierung muss das Softwaretool erneut gestartet werden.

Ist eine Repositionierung nicht notwendig oder nicht gewünscht, wird der Anwender gefragt, ob die Kantendetektion korrekt war. Falls nicht, wird die Kantendetektion mit geänderten Parametern erneut durchgeführt. Ist die Kantendetektion nicht zu beanstanden, erfolgt daraufhin die Positionierung des Bauteils anhand der iterativen Aufnahme von Einzelprojektionen in verschiedenen Winkelstellungen. Dabei wird ebenfalls das Vorkommen von horizontalen Kanten überprüft und gegebenenfalls wiederum als Warnmeldung ausgegeben.

Die minimal zulässige x-Position wird nun dem Optimierungsalgorithmus übergeben, der daraufhin selbstständig die Aufnahmeparameter gemäß des hinterlegten genetischen Algorithmus variiert und die Bildqualität der so erzeugten Projektionen auswertet. Kommt der Algorithmus zu einem positiven Ergebnis, werden die vorteilhaften Aufnahmeparameter ausgegeben. Der Anwender kann diese entsprechend in die CT-Software (in diesem Fall MetrotomOS) eintragen und die Messung starten.[13]

[13] Eine direkte Kommunikation ist in der verwendeten MetrotomOS Version 2.6 nicht möglich, da eine parallele Kommunikation beider Programme mit der CT-Steuerung blockiert wird. Mit einer neueren Version von MetrotomOS ist eine solche Kommunikation möglich und kann problemlos implementiert werden.

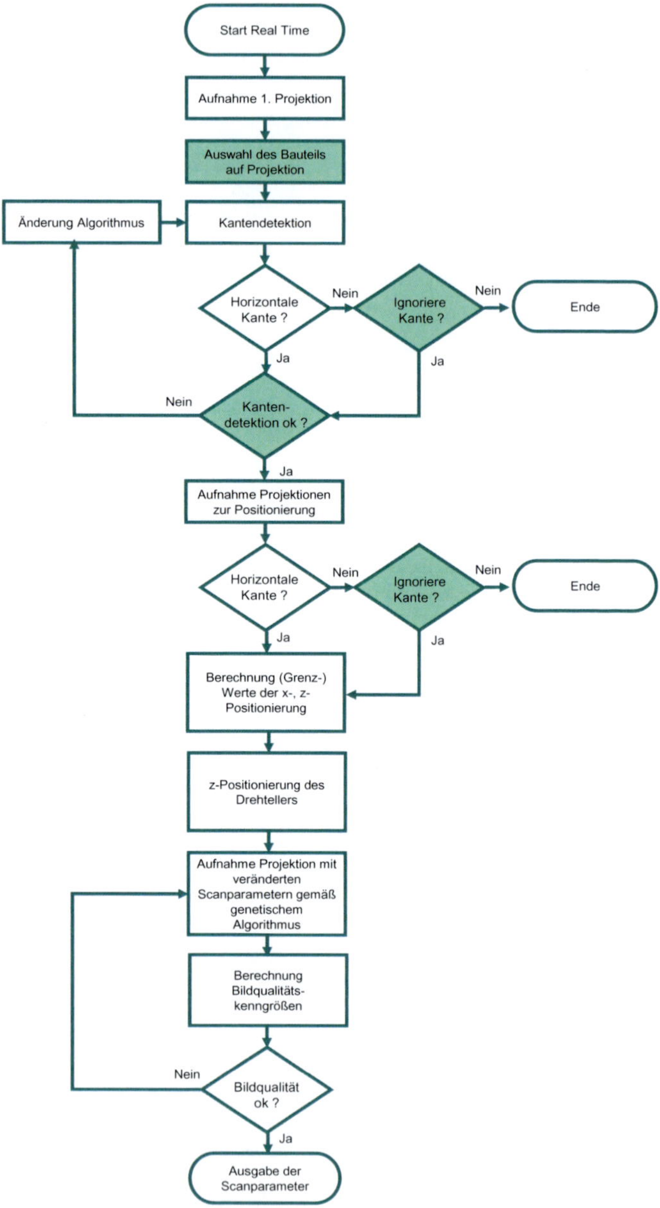

Abbildung 5.2: Ablaufdiagramm des Softwaretools. Markierte Felder erfordern eine Interaktion des Anwenders.

5.2 Messungen mittels automatisierter Parametereinstellung

Zur Anwendung des entwickelten Tools wurden an industrielle Bauteile angelehnte Messobjekte aus AlCuMgPb verwendet (Abbildung 5.3) und taktil kalibriert (vgl. (Krämer, Batra & Lanza 2016)).

(a) Wheel Rim *(b)* Stepped Cap

Abbildung 5.3: Für die exemplarische Anwendung des Softwaretools verwendete Bauteile

Die relevanten Maße am Messobjekt Wheel Rim sind in Abbildung 5.4 dargestellt. Der Stepped Cap (Abbildung 5.5) vereint viele innere und äußere Durchmesser in einem Objekt. Beide Bauteile weisen verschiedene Durchmesser (bidirektionale Maße) und Abstände (unidirektionale Maße) auf.

Die Messobjekte werden auf dem taktilen Koordinatenmessgeräte Zeiss O-Inspect kalibriert (vgl. Kapitel 4.1.2). Dafür werden jeweils 16 Kalibriermessungen durchgeführt. Ebenso wie bei den anderen Messobjekten ist die Oberflächenrauheit so gering, dass deren Einfluss auf das Messergebnis vernachlässigt werden kann (Tabelle 5.3).

Die beiden kalibrierten Bauteile werden mit dem Computertomographen Zeiss Metrotom 800 gemessen. Zunächst wird die softwarebasierte Parametereinstellung jeweils zehnmal wiederholt, da der implementierte genetische Algorithmus bei wiederholter Anwendung unterschiedliche Parametereinstellungen bei gleicher Projektionsbildqualität ermitteln kann.

Probekörper	R_a (µm)	R_z (µm)
Wheel Rim	0,10	0,96
Stepped Cap	0,14	1,05

Tabelle 5.3: Rauheit der Probekörper nach A_Schneider (2016)

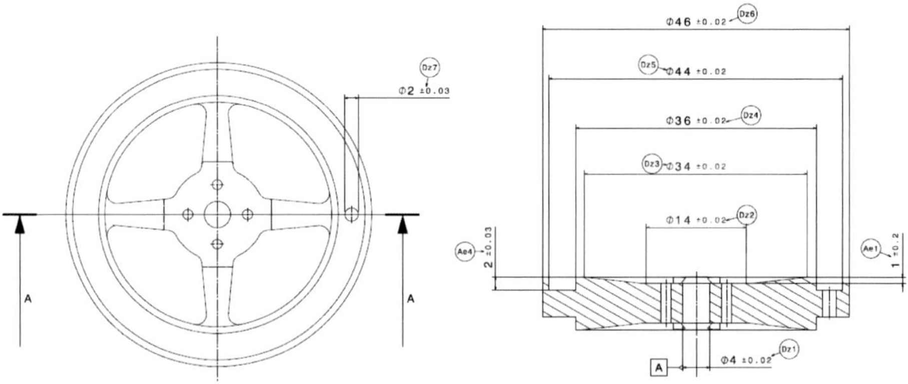

(a) Vorderansicht *(b)* Schnittansicht A-A

Abbildung 5.4: Relevante Maße am Wheel Rim

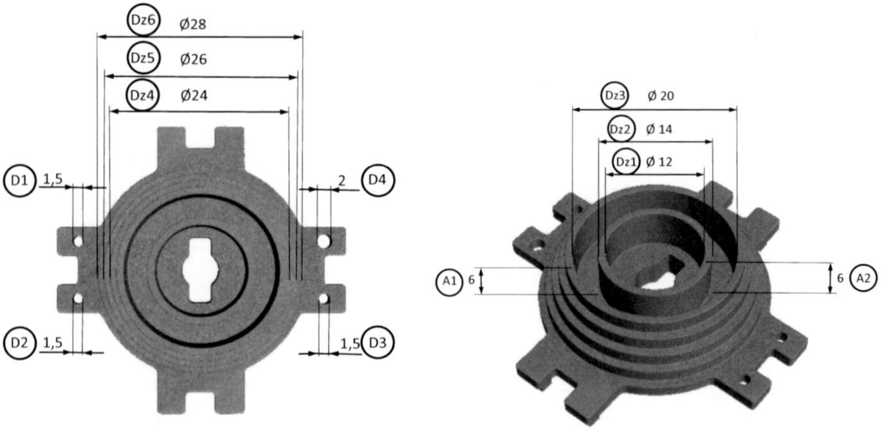

(a) Vorderansicht *(b)* 3D Ansicht

Abbildung 5.5: CT-Scan des Stepped Caps mit relevanten Maßen

Zur Positionierung des Drehtellers werden mehrere Einzelprojektionen aufgenommen, um die minimale x-Position x_a und die optimale z-Position des Messobjekts zu ermitteln (vgl. Kapitel 4.4).

Nach der Positionierung kann die Optimierung gestartet werden. Da in der Steuerung des Computertomographen keine Multi-Gain-Korrektur hinterlegt ist, muss vor jeder Aufnahme mit veränderter Spannung, das heißt in jedem Iterationsschritt des Optimierungsalgorithmus, eine einzelne Gain-Korrektur erfolgen. Dabei werden 20 Einzelprojektionen aufgenommen, wobei der Drehteller zunächst nach unten gefahren werden muss, um eine leere Abbildung zu erzeugen. Dadurch kommt es zu Wartezeiten aufgrund von zusätzlichen Verfahrwegen und der Aufnahme der 20 benötigten Einzelprojektionen.

Bei einer industriellen Nutzung des Softwaretools könnte allerdings der Maschinenhersteller eine Multi-Gain-Korrektur, die nur einmalig zu Beginn jedes Scans durchgeführt werden muss, zur Verfügung stellen. Die Gain-Korrektur wird daher nicht in die Gesamtlaufzeiten des Softwaretools eingerechnet.

Tabelle 5.4 zeigt typische Laufzeiten des Softwareprototypen. Hinzu kommt die erste Positionierung des Messobjekts, die ca. fünf Minuten dauert. Ohne einzelne Gain-Korrektur ergibt sich eine Belegungszeit des Computertomographen mit einem typischen Optimierungslauf (maximal 140 Einzelprojektionen) von circa 15 Minuten, bevor die eigentliche Messung gestartet werden kann.

Optimierungslauf gesamt	Gain-Korrektur	Aufnahme Projektion	Auswertung
35,3 s	31 s	1,5 s	2,8 s

Tabelle 5.4: Durchschnittliche Dauer der einzelnen Optimierungsläufe für eine beispielhafte Optimierung

Mit den so ermittelten Parametereinstellungen (Tabelle 5.5) werden nun die Messungen an den Messobjekten durchgeführt und zur jeweiligen Messunsicherheitsermittlung herangezogen. Während der Messung wird die Temperatur aufgezeichnet und die Temperaturausdehnung des Messobjekts kompensiert. Die Unsicherheit der Temperaturmessung und -kompensation fließt in die Berechnung der Messunsicherheit nach Gleichung (4.4) mit ein (vgl. Kapitel 4.3.5).

Die Auswertung des 3D-Volumens erfolgt mittels Makros in VG StudioMax 2.2 (vgl. Kapitel 4.3.3). Abbildungen 5.6 und 5.7 zeigen die ermittelten Messunsicherheiten der durchgeführten computertomographischen Messungen im Vergleich zur taktilen Referenzmessung. Die detaillierten Messunsicherheitsermittlungen sind in den Tabellen 5.6 und 5.7 aufgeführt.

Bei den unidirektionalen Maßen weist der Abstand *A2* am Stepped Cap die größte systematische Abweichung $b = 2{,}18$ µm auf. Die systematische Abweichung der meisten bidirektionalen Maßen liegt unter diesem Wert (vgl. Tabellen 5.6 und 5.7). Dies spricht dafür, dass die systematische Messabweichung aufgrund des Einflusses der Oberflächenbestimmung in den meisten Fällen reduziert werden konnte.

	Nr.	Vorfilter	Spannung	Strom	Belichtungs-zeit	Gain	Projektionen	x - Pos.
Wheel Rim	1	Cu 1 mm	130 kV	225 µA	400 ms	8	1458	258 mm
	2	Cu 1 mm	105 kV	225 µA	400 ms	8	1442	262 mm
	3	Cu 1 mm	130 kV	225 µA	400 ms	8	1452	260 mm
	4	Cu 1 mm	110 kV	263 µA	400 ms	8	1442	262 mm
	5	Cu 1 mm	120 kV	300 µA	500 ms	8	1442	262 mm
	6	Cu 1 mm	110 kV	225 µA	400 ms	8	1440	262 mm
	7	Cu 1 mm	110 kV	225 µA	400 ms	8	1442	262 mm
	8	Cu 1 mm	100 kV	263 µA	400 ms	8	1440	263 mm
	9	Cu 1 mm	125 kV	300 µA	400 ms	8	1440	262 mm
	10	Cu 1 mm	125 kV	281 µA	266 ms	8	1440	262 mm
Stepped Cap	1	Cu 1 mm	120 kV	270 µA	666 ms	8	1480	275 mm
	2	Cu 1 mm	115 kV	225 µA	400 ms	8	1474	275 mm
	3	Cu 1 mm	130 kV	270 µA	666 ms	8	1512	268 mm
	4	Cu 1 mm	120 kV	300 µA	800 ms	8	1512	268 mm
	5	Cu 1 mm	120 kV	300 µA	800 ms	8	1512	264 mm
	6	Cu 1 mm	115 kV	281 µA	266 ms	8	1506	265 mm
	7	Cu 1 mm	110 kV	300 µA	400 ms	8	1512	265 mm
	8	Cu 1 mm	110 kV	270 µA	666 ms	8	1506	265 mm
	9	Cu 1 mm	110 kV	270 µA	500 ms	8	1512	264 mm
	10	Cu 1 mm	120 kV	247 µA	666 ms	8	1512	264 mm

Tabelle 5.5: Aufnahmeparameter der CT-Scans. Der Vorfilter wird manuell gewählt.

Die Durchmesser *Dz4* und *Dz6* am Wheel Rim sowie *Dz4*, *Dz5* und *Dz6* am Stepped Cap weisen jeweils eine höhere systematische Abweichung von zwischen 2,7 µm (*Dz6* Wheel Rim) und 4,9 µm (*Dz5* Stepped Cap) auf. Ein Grund hierfür kann die höhere Durchstrahlungslänge bei diesen größeren Maßen sein, die einen negativen Einfluss auf die Oberflächenbestimmung hat. Eine weitere Optimierung der Orientierung des Bauteils auf dem Drehteller mit dem Ziel der Reduktion der Durchstrahlungslänge könnte daher zu einer zusätzlichen Verbesserung des Ergebnisses führen.

Neben der systematischen Abweichung b hat die Unsicherheit aufgrund der Voxelgröße u_{Iso} mit jeweils ca. 1,3 µm den größten Einfluss auf die erweiterte Messunsicherheit. Diese wird durch die x-Position des Drehtellers beeinflusst, die wiederum von der Abbildung des Bauteils auf dem Detektor abhängt (vgl. Kapitel 2.1.1). Sie kann daher nicht wesentlich gesenkt werden.

Insgesamt konnten so die erweiterten Messunsicherheiten der bidirektionalen Maße größtenteils unter 5 µm gesenkt werden und liegen somit ebenfalls in der Größenordnung der

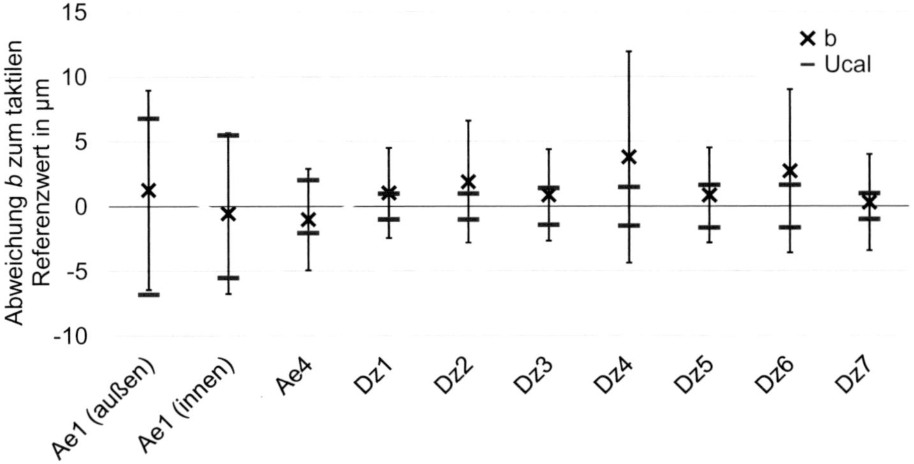

Abbildung 5.6: Ergebnisse der Messungen am Wheel Rim. Dargestellt ist die systematische Abweichung b sowie die ermittelte Messunsicherheit $U_{CT}(b)$

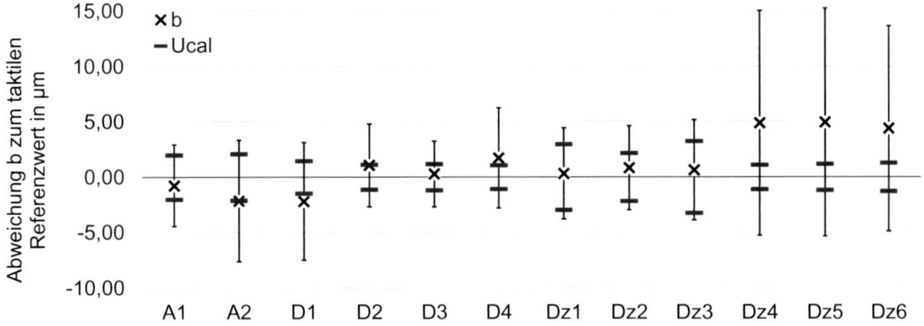

Abbildung 5.7: Ergebnisse der Messungen am Stepped Cap. Dargestellt ist die systematische Abweichung b sowie die ermittelte Messunsicherheit $U_{CT}(b)$

Messunsicherheiten der unidirektionalen Maße. Nur bei *Dz4* und *Dz6* liegen aufgrund ihrer jeweils großen systematischen Abweichung b erweiterte Messunsicherheiten $U > 10$ µm vor.

Die Konformität des CT-Messergebnisses zur taktilen Messung wird mit der sogenannten E_n-Zahl gemäß DIN EN ISO/IEC 17043 geprüft, die das Verhältnis zwischen den Mittelwerten $\bar{y}_i$ der jeweiligen Messungen und der zugeordneten erweiterten Messunsicherheit U beschreibt:

Merkmal	x_p (mm)	u_{cal} (µm)	u_p (µm)	u_w (µm)	u_{Iso} (µm)	u_{bt} (µm)	b (µm)	$U(b)$ (µm)
Ae1$_a$	0,9934	3,39	0,33	0,01	1,28	0,01	1,26	7,75
Ae1$_i$	0,9935	2,75	0,35	0,01	1,28	0,01	-0,56	6,22
Ae4	1,9984	1,02	0,37	0,02	1,28	0,02	-1,02	3,98
Dz1	4,0155	0,50	0,27	0,04	1,28	0,03	1,03	3,54
Dz2	14,0099	0,50	0,29	0,15	1,28	0,11	1,88	4,89
Dz3	33,9897	0,71	0,39	0,36	1,28	0,26	0,86	3,71
Dz4	36,0139	0,74	0,28	0,39	1,28	0,28	3,78	8,60
Dz5	43,9927	0,82	0,42	0,47	1,28	0,34	0,85	3,93
Dz6	46,0093	0,82	0,44	0,49	1,28	0,35	2,70	6,70
Dz7	2,0273	0,50	1,22	0,02	1,28	0,02	0,27	3,80

Tabelle 5.6: Messunsicherheitsermittlung für Merkmale am Wheel Rim

Merkmal	x_p (mm)	u_{cal} (µm)	u_p (µm)	u_w (µm)	u_{Iso} (µm)	u_{bt} (µm)	b (µm)	$U(b)$ (µm)
A1	5,9954	1,00	0,37	0,02	1,29	0,02	-0,77	3,62
A2	5,9925	1,05	0,40	0,02	1,29	0,02	-2,14	5,44
D1	1,4866	0,73	0,28	0,01	1,29	0,01	-2,18	5,27
D2	1,4897	0,56	0,60	0,01	1,29	0,01	1,06	3,66
D3	1,4884	0,59	0,31	0,01	1,29	0,01	0,28	2,88
D4	2,0125	0,53	0,43	0,01	1,29	0,01	1,72	4,46
Dz1	11,9830	1,48	0,52	0,05	1,29	0,05	0,30	4,06
Dz2	13,9979	1,08	0,24	0,06	1,29	0,06	0,82	3,72
Dz3	19,9867	1,62	0,64	0,08	1,29	0,08	0,62	4,48
Dz4	23,9991	0,55	0,31	0,10	1,29	0,10	4,86	10,13
Dz5	25,9990	0,59	0,33	0,11	1,29	0,11	4,93	10,28
Dz6	27,9980	0,64	0,47	0,12	1,29	0,12	4,37	9,24

Tabelle 5.7: Messunsicherheitsermittlung für Merkmale am Stepped Cap

$$E_n = \frac{\bar{y}_{CT} - \bar{y}_{KGM}}{\sqrt{U_{CT}^2 + U_{KGM}^2}} \tag{5.5}$$

Bei $|E_n| \leq 1$ kann von einem zufriedenstellenden Messergebnis ausgegangen werden.

Aus Tabellen 5.8 und 5.9 kann entnommen werden, dass alle CT-Messungen gut mit den Referenzmessungen übereinstimmen. Alle Messungen erfüllen das Kriterium $E_n \leq 1$ und sind sogar mit E_n < 0,5 deutlich vom Grenzwert entfernt.

Es kann somit gezeigt werden, dass durch die automatisierte Einstellung der Aufnahmeparameter bei dimensionellen CT-Messungen ein vorteilhaftes Messergebnis mit einer geringen systematischen Messabweichung sowie Messunsicherheit erreicht werden kann.

	Az1 (außen)	Az1 (innen)	Az4	Dz1	Dz2	Dz3	Dz4	Dz5	Dz6	Dz7
$\|E_n\|$	0,34	0,19	0,30	0,30	0,39	0,25	0,45	0,24	0,42	0,07

Tabelle 5.8: E_n-Zahlen der CT-Messung des Wheel Rims im Vergleich zur taktilen Referenzmessung

	A1	A2	D1	D2	D3	D4	Dz1	Dz2	Dz3	Dz4	Dz5	Dz6
$\|E_n\|$	0,25	0,42	0,43	0,30	0,10	0,39	0,10	0,26	0,20	0,48	0,48	0,48

Tabelle 5.9: E_n-Zahlen der CT-Messung des Stepped Cap im Vergleich zur taktilen Referenzmessung

6 Diskussion und Ausblick

Die computertomographische Messtechnik bietet das Potential einer ganzheitlichen Messung eines Produktes, die allerdings mit relativ hohen Messabweichungen und Messunsicherheiten einhergeht. Daher war das Ziel der vorliegenden Arbeit, eine Anwenderunterstützung zu entwickeln, womit Messungen mit reduzierter systematischer Messabweichung sowie Messunsicherheit erzeugt werden können. Ansatzpunkt ist dabei der Einfluss der Projektionsbildqualität auf das Messergebnis.

Der vorliegende Ansatz zeigt den Zusammenhang zwischen Bildqualität der Einzelprojektion und Messabweichung des CT-Scans auf und ermöglicht eine projektionsbasierte Einstellung vorteilhafter Aufnahmeparameter zur Reduktion der systematischen Messabweichung.

Somit konnte das Ziel, ein vom Vorwissen des Anwenders unabhängige Methodik zur projektionsbasierten Einstellung von Aufnahmeparametern in der industriellen Computertomographie zu entwickeln, erreicht werden. Während bisherige Ansätze vorrangig auf Basis von Vorwissen über das Bauteil oder zeitaufwändiger Simulation arbeiteten, kann mit der vorgestellten Methode ohne Vorwissen des Anwenders eine schnelle und vorteilhafte Einstellung der Aufnahmeparameter vorgenommen werden.

Es konnte erstmals ein Zusammenhang zwischen Projektionsbildqualität der Einzelprojektion und der Messabweichung des CT-Scans nachgewiesen werden. Ein auf Basis dieses Zusammenhang basierendes Softwaretool wurde prototypisch implementiert und eingesetzt. Das abgeleitete Modell dient als Basis für einen Optimierungsalgorithmus für die projektionsbasierte Einstellung der Aufnahmeparameter am Computertomographen, der einen Parametersatz an Einstellparametern liefert, mit dem eine Messung mit möglichst geringer systematischer Messabweichung möglich ist. Einschränkungen, bedingt durch die physikalischen und technischen Eigenschaften des Computertomographen, werden über Nebenbedingungen berücksichtigt oder in die Zielfunktion des Optimierungsalgorithmus integriert.

Die in einem Optimierungsalgorithmus umgesetzte und prototypisch in Software implementierte Methodik berücksichtigt neben der Bildqualität auch initiale Einstellparameter, insbesondere die Positionierung des Bauteils, um Artefakte zu vermeiden und eine höchstmögliche Auflösung zu erzielen. Schließlich liefert das Optimierungsergebnis ein Set an Aufnahmeparametern, die den Anwender zur Ausführung der Messung ohne zusätzlichen Aufwand befähigen. Dadurch können auch ungeübte Anwender verlässliche Messergebnisse erzeugen.

In der exemplarischen Anwendung mit unterschiedlichen Messobjekten konnte in den meisten Fällen eine geringe systematische Messabweichung im Vergleich zur taktilen Referenzmessung erreicht werden. Bei beiden Messobjekten lagen die systematischen Abweichungen der meisten bidirektionalen Maßen zur Referenzmessung in derselben Größenordnung wie die Abweichung der unidirektionalen Maße (< 2 µm), das heißt die systematische Abweichung aufgrund der Oberflächenbestimmung konnte reduziert werden. Allerdings kann festgestellt werden, dass die systematische Messabweichung nicht für alle Maße gleichermaßen gesenkt werden konnte. Einige Durchmesser wiesen eine höhere Abweichung von ca. 4 µm auf. Weitere Faktoren, wie beispielsweise die Optimierung der Durchstrahlungslänge, könnten dabei zu einer zusätzlichen Verbesserung des Ergebnisses führen.

Aufgrund der Tatsache, dass aus technischen Gründen keine Multi-Gain-Korrektur in den Softwareprototypen implementiert werden konnte, musste vor jeder Aufnahme einer Einzelprojektion eine zeitaufwändige Gain-Korrektur durchgeführt werden, die somit zusätzlich zur Laufzeit des Optimierungsalgorithmus beiträgt. Hier kann durch die Zusammenarbeit mit Maschinenherstellern in Zukunft eine Lösung für die Implementierung einer Multi-Gain-Korrektur gefunden werden, wodurch die Optimierungsdauer auf circa 15 Minuten gesenkt werden könnte.

Es zeigte sich allerdings, das mit dem vorliegenden Modell zwischen Bildqualität der Projektion und Messabweichung nur ein Teil der Messabweichung erklärt werden konnte. Weitere systematische (z. B. Abbildungsfehler) und zufällige Einflüsse sollten in Zukunft zusätzliche Berücksichtigung finden. Insbesondere der Einfluss des Projektionskontrasts auf die Messabweichung sollte weiter untersucht werden. Dies kann mithilfe des Einsatzes einer Simulationssoftware geschehen, in der gezielt Aufnahmeparameter variiert werden können. Dadurch wird der störende Einfluss des Strukturrauschens eines realen Detektors umgangen.

Der vorliegende Ansatz beschränkt sich auf die Analyse von Messabweichungen an Maßen. Im Weiteren sollte deshalb der Ansatz auf Gestaltabweichungen, wie Form und Lage, erweitert werden. Hier ist insbesondere die Herausforderungen, dass verstärkt lokale Abweichungen berücksichtigt werden müssen, während bei Abstands- und Durchmessermaßen durch die verwendete Einpassung der Punktewolken eine globale Betrachtung gerechtfertigt ist. Um einen Zusammenhang zwischen Gestaltabweichung und Bildqualität zu ermitteln, ist es daher entscheidend, lokale Bildsegmente auszuwerten und gegebenenfalls einzelne Bauteilbereiche individuell zu betrachten. In der Literatur finden sich bereits Ansätze zur Bewertung der Formmessung. Diese konnten einen starken Effekt von Bildqualität auf Formabweichungen beobachten, der sich allerdings zum Teil gegenteilig zu der Maßabweichung verhält (vgl. z.B. (Angel & De Chiffre 2014), (Carmignato & Pierobon 2011), (Hiller et al. 2011), (Léonard et al. 2014) und (Müller et al. 2012a)).

Um das Modell um die Bewertung der Formabweichung zu erweitern, wäre in der Optimierung die Berücksichtigung unterschiedlicher Kriteriengewichtungen gemäß der Zielsetzung des Anwenders (Form- beziehungsweise Maßbestimmung) notwendig. Unterschiedliche hinterlegte Modelle je nach Zielgröße des Anwenders könnten so die Bedeutung der einzelnen Bildqualitätskenngrößen für das Messergebnis abbilden.

Des Weiteren ist eine Weiterentwicklung hin zu einer projektionsindividuellen Einstellung der Aufnahmeparameter denkbar. In der medizinischen Computertomographie finden sich bereits Verfahren zur Modulation des Röhrenstroms zur Dosisreduktion, beispielsweise bei Gies et al. (1999). Eine Übertragung auf die industrielle Computertomographie bietet vor allem bei Bauteilen mit einem großen Aspektverhältnis und somit stark unterschiedlichen Durchstrahlungslängen weitere Potentiale.

Im vorgestellten projektionsbasierten Ansatz zur Parametereinstellung ist außerdem die Orientierung des Bauteils nicht umfassend berücksichtigt. Es wurde zwar eine Methode zur Erkennung und Warnung bei zu erwartenden Feldkamp-Artefakten implementiert, allerdings muss bei komplexen Bauteilen ein Kompromiss der Orientierung zwischen der Vermeidung von Feldkamp-Artefakten und der Vermeidung von Strahlaufhärtungsartefakten, beispielsweise durch eine möglichst geringe Durchstrahlungslänge im Bauteil, gefunden werden. Dies kann beispielsweise auf Basis von Simulationen mittels eines 3D-Modells (CAD-Modells) des untersuchten Bauteils geschehen. Eine projektionsbasierte Einstellung ist nur begrenzt möglich, da auf Basis von wenigen Projektionen keine genauen Informationen über die Geometrie des Bauteils zur Verfügung stehen. Eine Verknüpfung zwischen Simulation und projektionsbasierter Optimierung wäre daher ein denkbarer nächster Schritt.

7 Zusammenfassung

Die Computertomographie ist ein indirektes Messverfahren, dessen Messergebnis durch eine Vielzahl von Faktoren beeinflusst wird. Daher sind Messabweichung und Messunsicherheit in der computertomographischen Messtechnik aktuell noch deutlich größer als in der taktilen Koordinatenmesstechnik.

Insbesondere die vom Anwender beeinflussbaren Aufnahmeparameter, beispielsweise Bauteilposition, Röhrenstrom, Röhrenspannung oder Belichtungszeit, haben einen signifikanten Einfluss auf das Messergebnis und dessen dazugehörige Messunsicherheit. In der industriellen Praxis ist die Wahl geeigneter Aufnahmeparameter allerdings vom persönlichen Erfahrungswissen des Anwenders abhängig.

Um der dargestellten Problemstellung zu begegnen, war es die Zielsetzung der vorliegenden wissenschaftlichen Arbeit, eine Methodik zur projektionsbasierten Einstellung von Aufnahmeparametern in der industriellen Computertomographie zu entwickeln, die den Anwender bei der Wahl geeigneter Aufnahmeparameter unterstützt.

Dabei wurden im Lösungsansatz zunächst geeignete Bildqualitätsparameter identifiziert, die eine Bewertung der Einzelprojektionen ermöglichen und in einem prinzipiellen Zusammenhang zur Messabweichung stehen. Hier zeigte sich der Gradient G_{th} besonders zur Bewertung der Bildschärfe geeignet, während die globale Varianz im Bild eine Bewertung des vorhandenen Bildkontrasts ermöglichte. Klassische Bildqualitätskriterien, wie Kontrast oder Signal-Rausch-Verhältnis, konnten keine zufriedenstellenden Ergebnisse liefern. In einer statistischen Versuchsplanung wurden dann anhand von zwei Messobjekten Versuche mit unterschiedlichen Aufnahmeparametern am industriellen Computertomographen durchgeführt und die Messergebnisse der CT-Scans mit den Bildqualitätsparametern im Rahmen eines experimentellen Modells verknüpft. Es zeigte sich, dass der Gradient trotz seiner Abhängigkeit von den jeweiligen Bildinhalten der Einzelprojektionen in einem signifikanten linearen Zusammenhang mit der Messabweichung steht.

Diese Erkenntnisse wurden in einem anschließenden Optimierungsmodell umgesetzt, das auf Basis der Projektionsbildqualität mittels eines genetischen Algorithmus vorteilhafte Aufnahmeparameter ermittelt. Das Optimierungsmodell wurde in einem anwenderfreundlichen

Software-Prototypen integriert, der über eine C#-Schnittstelle direkt mit der Steuerung des industriellen Computertomographen kommuniziert und somit direkt am Messgerät vor jeder Messung zur Findung geeigneter Aufnahmeparameter eingesetzt werden kann.

In der exemplarischen Anwendung des Softwaretools mit unterschiedlichen Messobjekten wurde gezeigt, dass die systematische Messabweichung im Vergleich zu taktilen Referenzmessungen großteils gering war. 70 Prozent der ermittelten Mittelwerte der Wiederholmessungen lagen innerhalb der jeweiligen Kalibrierunsicherheit am Messobjekts. Der Vergleich zwischen der taktilen Referenzmessung und der computertomographischen Messung anhand der E_n-Zahl zeigte, dass mit $|E_n| < 1$ von einem zufriedenstellendem Messergebnis ausgegangen werden kann.

Somit ermöglicht die Methodik dem Anwender, ein vorteilhaftes computertomographisches Messergebnis zu erzielen und zeitaufwendige Wiederholmessungen zur Findung geeigneter Aufnahmeparameter zu vermeiden. Zusammenfassend kann so die Einstellung von Aufnahmeparametern erleichtert, der Einfluss des Anwenders auf das Messergebnis verringert, und die systematische Messabweichung bei computertomographischen Messungen reduziert werden.

Literatur

Verweise gemäß dem Schema A_Nachname (Jahr) beziehen sich auf studentische Arbeiten des wbk, die von der Autorin der Dissertation angeleitet wurden.

A_Baumann, T. (2017), *Simulation-based investigation of the influence of image quality in CT dimensional metrology*, Seminararbeit, Karlsruhe: Karlsruher Institut für Technologie.

A_Böhmler, P. (2016), *Eignungsbewertung von Schärfekennwerten für computertomographische Messungen in der industriellen Messtechnik*, Bachelorthesis, Karlsruhe: Karlsruher Institut für Technologie.

A_Borsch, A. (2016), *Bewertung des Einflusses von Einstellparametern in der dimensionellen Röntgen-Computertomographie*, Bachelorthesis, Karlsruhe: Karlsruher Institut für Technologie.

A_Griesz, P. (2016), *Entwicklung eines Vorgehens zur Auswertung von computertomographischen Messungen*, Bachelorthesis, Karlsruhe: Karlsruher Institut für Technologie.

A_Schneider, T. (2016), *Ermittlung der messaufgabenspezifischen Unsicherheit bei Computertomographiemessungen*, Bachelorthesis, Karlsruhe: Karlsruher Institut für Technologie.

A_Zimmer, L. (2016), *Entwicklung einer grafischen Benutzeroberfläche in Matlab*, Seminararbeit, Karlsruhe: Karlsruher Institut für Technologie.

Affenzeller, C., Gusenbauer, C., Reiter, M. & Kastner, J. (2015), „Measurement uncertainty evaluation of an X-ray computed tomography system“, *International Symposium on Digital Industrial Radiology and Computed Tomography (DIR 2015): Proceedings*, Ghent.

Andersen, L. & Holmberg, M. (2016), „An investigation into CT uncertainty using a high-density reference object“, *6th Conference on Industrial Computed Tomography (iCT) 2016: Proceedings*, Wels.

Angel, J. & De Chiffre, L. (2014), „Comparison on Computed Tomography using industrial items“, *CIRP Annals - Manufacturing Technology* 63.1, S. 473–476, DOI: 10.1016/j.cirp.2014.03.034.

Angel, J. (2014), *Quality assurance of CT scanning for industrial applications*, Dissertation, Lyngby: Technical University of Denmark.

Arenhart, F. A., Nardelli, V. C. & Donatelli, G. D. (2016), „Comparison of surface-based and image-based quality metrics for the analysis of dimensional computed tomography data“, *Case Studies in Nondestructive Testing and Evaluation* 6B, S. 111–121, DOI: 10.1016/j.csndt.2016.05.002.

Barland, R. & Saadane, A. (2005), „Reference free quality metric for JPEG-2000 compressed images“, *8th International Symposium on Signal Processing and Its Applications 2005: Proceedings*, Sydney, S. 351–354, DOI: 10.1109/ISSPA.2005.1580268.

Bartscher, M., Hilpert, U., Goebbels, J. & Weidemann, G. (2007), „Enhancement and Proof of Accuracy of Industrial Computed Tomography (CT) Measurements“, *CIRP Annals - Manufacturing Technology* 56.1, S. 495–498, DOI: 10.1016/j.cirp.2007.05.118.

Bartscher, M., Hilpert, U. & Fiedler, D. (2008), „Ermittlung der Messunsicherheit von Computertomographie-Messungen am Beispiel eines Zylinderkopfs“, *tm - Technisches Messen* 75.3, S. 178–186, DOI: 10.1524/teme.2008.0822.

Bartscher, M., Hilpert, U. & Neuschaefer-Rube, U. (2007), „Industrielle Computertomographie auf dem Weg zur Koordinatenmesstechnik“, *PTB Mitteilungen* 117.4, S. 397–406.

Bartscher, M., Neukamm, M., Hilpert, U., Neuschaefer-Rube, U., Härtig, F., Kniel, K., Ehrig, K., Staude, A. & Goebbels, J. (2009), „Achieving traceability of industrial computed tomography“, *9th International Symposium on Measurement and Intelligent Instruments: Proceedings*, Bd. 1, St. Petersburg, S. 256–261.

Bartscher, M., Ehrig, K., Staude, A., Goebbels, J. & Neuschaefer-Rube, U. (2011), „Application of an Industrial CT Reference Standard for Cast Freeform Shaped Workpieces“, *International Symposium on Digital Industrial Radiology and Computed Tomography (DIR 2011): Proceedings*, Berlin.

Bath, M. (2010), „Evaluating imaging systems: practical applications“, *Radiation protection dosimetry* 139.1-3, S. 26–36, DOI: 10.1093/rpd/ncq007.

Batten, C. F. (2000), *Autofocusing and astigmatism correction in the scanning electron microscope*, Dissertation, Cambridge: University of Cambridge.

Beek, P. J. L. van (1995), *Edge-based image representation and coding*, Dissertation, Delft: Delft University of Technology.

Bellon, C. (2000), *Computersimulation radiographischer Prüfverfahren*, Dissertation, Dresden: Technische Universität Dresden.

Blessing, N. (2008), *Segmentierung von industriellen 3D-CT-Voxelmodellen durch dynamische Schwellwertberechnung*, Dissertation, Stuttgart: Universität Stuttgart.

Brenner, J. F., Dew, B. S., Horton, J. B., King, T., Neurath, P. W. & Selles, W. D. (1976), „An automated microscope for cytologic research a preliminary evaluation“, *Journal of Histochemistry & Cytochemistry* 24.1, S. 100–111, DOI: 10.1177/24.1.1254907.

Buratti, A., Ferrucci, M., Ben Achour, S., Dewulf, W. & Schmitt, R. H. (2016), „An analytical method for optimizing imaging parameters in industrial x-ray computed tomography for dimensional measurements on multimaterial workpieces“, *SPIE Optical Engineering + Applications*, hrsg. von S. R. Stock, B. Müller & G. Wang, SPIE Proceedings, SPIE, S. 99671C, DOI: 10.1117/12.2240566.

Burger, W. & Burge, M. (2008), *Digital image processing: An algorithmic introduction using Java*, 1st ed., Springer, New York.

Bushberg, J. T. (2012), *The essential physics of medical imaging*, 3rd ed., Wolters Kluwer Health/Lippincott Williams & Wilkins, Philadelphia.

Buzug, T. (2008), *Computed Tomography: From Photon Statistics to Modern Cone-Beam CT*, Springer, Berlin, Heidelberg.

Cantatore, A., Andreasen, J. L., Carmignato, S., Müller, P. & De Chiffre, L. (2011), „Verification of a CT scanner using a miniature step gauge“, *11th International Conference of the*

European Society for Precision Engineering & Nano Technology (euspen): Proceedings, Como.

Carl Zeiss AG (2012), *Betriebsanleitung Metrotom 800*, Oberkochen.

Carmignato, S. & Pierobon, A. (2011), „Preliminary Results of the 'CT Audit' Project: First International Intercomparison of Computed Tomography Systems for Dimensional Metrology“, *International Symposium on Digital Industrial Radiology and Computed Tomography (DIR 2011): Proceedings*, Berlin.

Carmignato, S., Pierobon, A., Rampazzo, P., Parisatto, M. & Savio, E. (2012), „CT for Industrial Metrology – Accuracy and Structural Resolution of CT Dimensional Measurements“, *4th Conference on Industrial Computed Tomography (iCT) 2012: Proceedings*, Wels.

Caviedes, J. & Oberti, F. (2004), „A new sharpness metric based on local kurtosis, edge and energy information“, *Signal Processing: Image Communication* 19.2, S. 147–161, DOI: 10.1016/j.image.2003.08.002.

Christoph, R. & Neumann, H. J. (2012), *Röntgentomografie in der industriellen Messtechnik: Präzise, wirtschaftlich und universell*, 2., korr. Aufl., Bd. 331, Die Bibliothek der Technik, Moderne Industrie, Landsberg/Lech.

Cleff, T. (2015), *Deskriptive Statistik und Explorative Datenanalyse: Eine computergestützte Einführung mit Excel, SPSS und STATA*, 3., überarb. u. erw. Aufl. 2015, Gabler Verlag, Wiesbaden.

Cover, T. M. & Thomas, J. A. (2006), *Elements of information theory*, 2nd ed., Wiley-Interscience, Hoboken, N.J.

Davim, J. P. (2016), *Design of experiments in production engineering*, Management and industrial engineering, Springer, Cham.

De Chiffre, L., Carmignato, S., Kruth, J.-P., Schmitt, R. & Weckenmann, A. (2014), „Industrial applications of computed tomography“, *CIRP Annals - Manufacturing Technology* 63.2, S. 655–677, DOI: 10.1016/j.cirp.2014.05.011.

Deutsches Institut für Normung e.V. (1998), *Geometrische Produktspezifikation (GPS) - Oberflächenbeschaffenheit: Tastschnittverfahren - Regeln und Verfahren für die Beurteilung der Oberflächenbeschaffenheit*, DIN EN ISO 4288, Berlin.

– (1999), *Zerstörungsfreie Prüfung - Charakterisierung von Brennflecken in Industrie-Röntgenanlagen für die zerstörungsfreie Prüfung - Teil 1: Scan-Verfahren*, DIN EN 12543-1, Berlin.

– (2010), *Konformitätsbewertung – Allgemeine Anforderungen an Eignungsprüfungen*, DIN EN ISO/IEC 17043, Berlin.

– (2012a), *Geometrische Produktspezifikation und -prüfung (GPS) – Verfahren zur Ermittlung der Messunsicherheit von Koordinatenmessgeräten (KMG) – Teil 3: Anwendung von kalibrierten Werkstücken oder Normalen*, DIN EN ISO 15530-3, Berlin.

– (2012b), *Zerstörungsfreie Prüfung – Durchstrahlungsverfahren - Computertomografie – Teil 2: Grundlagen, Geräte und Proben*, DIN EN 16016-2, Berlin.

– (2012c), *Zerstörungsfreie Prüfung - Durchstrahlungsverfahren - Computertomografie - Teil 3: Durchführung und Auswertung*, DIN EN 16016-3, Berlin.

– (2013a), *Geometrische Produktspezifikation (GPS) - Geometrische Tolerierung - Bezüge und Bezugssysteme*, DIN EN ISO 5459.

– (2013b), *Geometrische Produktspezifikation (GPS) - Prüfung von Werkstücken und Messgeräten durch Messen - Teil 1: Entscheidungsregeln für die Feststellung von Übereinstimmung oder Nichtübereinstimmung mit Spezifikationen*, DIN EN ISO 14253-1, Berlin.

– (2013c), *Statistik –Begriffe und Formelzeichen –Teil 2: Angewandte Statistik*, DIN ISO 3534-2, Berlin.

Dewulf, W., Kiekens, K., Tan, Y., Welkenhuyzen, F. & Kruth, J.-P. (2013), „Uncertainty determination and quantification for dimensional measurements with industrial computed tomography“, *CIRP Annals - Manufacturing Technology* 62.1, S. 535–538, DOI: `10.1016/j.cirp.2013.03.017`.

Dössel, O. (1999), *Bildgebende Verfahren in der Medizin: Von der Technik zur medizinischen Anwendung*, Springer, Berlin.

Edyvean, S., Keat, N., Lewis, M. & Barrett, Julia, Platten, David (2003), *Methods for Comparison of Image Quality and Dose in Computed Tomography*, London, URL: http://www.impactscan.org/slides/wc2003/iqdose/img0.html.

Erhardt, A. (2008), *Einführung in die Digitale Bildverarbeitung: Grundlagen, Systeme und Anwendungen*, Vieweg+Teubner / GWV Fachverlage GmbH, Wiesbaden.

Feldkamp, L. A., Davis, L. C. & Kress, J. W. (1984), „Practical cone-beam algorithm“, *Journal of the Optical Society of America A* 1.6, S. 612, DOI: 10.1364/JOSAA.1.000612.

Ferrucci, M., Ametova, E., Carmignato, S. & Dewulf, W. (2016), „Evaluating the effects of detector angular misalignments on simulated computed tomography data“, *Precision Engineering* 45, S. 230–241, DOI: 10.1016/j.precisioneng.2016.03.001.

Ferzli, R., Girija, L. & Ali, W. S. I. (2010), „Efficient implementation of kurtosis based no reference image sharpness metric“, *IS&T/SPIE Electronic Imaging: Proceedings*, hrsg. von J. T. Astola & K. O. Egiazarian, SPIE, San Jose, California, DOI: 10.1117/12.843733.

Ferzli, R. & Karam, L. J. (2009), „A no-reference objective image sharpness metric based on the notion of just noticeable blur (JNB)“, *IEEE transactions on image processing* 18.4, S. 717–728, DOI: 10.1109/TIP.2008.2011760.

Firestone, L., Cook, K., Culp, K., Talsania, N. & Preston, K. (1991), „Comparison of autofocus methods for automated microscopy“, *Cytometry* 12.3, S. 195–206, DOI: 10.1002/cyto.990120302.

Fleßner, M., Müller, A., Helmecke, E. & Hausotte, T. (2015a), „Automated detection of artefacts for computed tomography in dimensional metrology“, *International Symposium on Digital Industrial Radiology and Computed Tomography (DIR 2015): Proceedings*, Ghent.

– (2015b), *Evaluating and visualizing the quality of surface points determined from computed tomography volume data*, *Physikalisch-Technische Bundesanstalt (PTB)*, DOI: 10.7795/810.20150223A.

Fleßner, M., Müller, A., Götz, A., Helmecke, E. & Hausotte, T. (2016), „Assessment of the single point uncertainty of dimensional CT measurements“, *6th Conference on Industrial Computed Tomography (iCT) 2016: Proceedings*, Wels.

Flisch, A., Hofmann, J., Jerjen, I., Schütz, P. & Hanimann, P. (2010), „Einfluss wichtiger Kenngrössen auf die Messunsicherheit bei der Datenerfassung mit Computertomographie“, *Industrielle Computertomografie Tagung 2010: Proceedings*, hrsg. von J. Kastner, Ranshofen.

Franz, M., Funk, C., Hiller, J., Kasperl, S., Krumm, M. & Schröpfer, S. (2009), „Reliability of Dimensional Measurements by Computed Tomography for Industrial Applications“, *4th European-American Workshop on Reliability of NDE: Proceedings*, Berlin.

Giedl-Wagner, R., Miller, T. & Sick, B. (2012), „Determination of Optimal CT Scan Parameters Using Radial Basis Function Neural Networks“, *4th Conference on Industrial Computed Tomography (iCT) 2012: Proceedings*, Wels, S. 221–228.

Gies, M., Kalender, W. A., Wolf, H., Suess, C. & Madsen, M. T. (1999), „Dose reduction in CT by anatomically adapted tube current modulation. I. Simulation studies“, *Medical Physics* 26.11, S. 2235–2247, DOI: 10.1118/1.598779.

Goldman, L. W. (2007), „Principles of CT: Radiation Dose and Image Quality“, *Journal of Nuclear Medicine Technology* 35.4, S. 213–225, DOI: 10.2967/jnmt.106.037846.

Gonzalez, R. C. & Woods, R. E. (2008), *Digital image processing*, 3rd ed., Prentice Hall, Upper Saddle River, N.J.

Groen, F. C. A., Young, I. T. & Ligthart, G. (1985), „A comparison of different focus functions for use in autofocus algorithms“, *Cytometry* 6.2, S. 81–91, DOI: 10.1002/cyto.990060202.

Guy, C. & Ffytche, D. (2005), *Introduction to the Principles of Medical Imaging*, Imperial College Press, London.

Haken, H. & Wolf, H. C. (2004), *Atom- und Quantenphysik: Einführung in die experimentellen und theoretischen Grundlagen*, 8., aktualisierte u. erw. Aufl., Springer, Berlin u.a.

Halmshaw, R. (1995), *Industrial radiology: Theory and practice*, 2nd ed., Non-destructive evaluation series, Chapman & Hall, London und New York.

Härtig, F. & Krystek, M. (2009), „Correct treatment of systematic errors in the evaluation of measurement uncertainty", *9th International Symposium on Measurement Technology and Intelligent Instruments (ISMTII 2009): Proceedings*, St. Petersburg, S. 16–19.

Helmecke, E., Fleßner, M., Kaufmann, M., Staude, A. & Hausotte, T. (2016), „Numerical measurement uncertainty determination for dimensional measurements of microparts with CT", *6th Conference on Industrial Computed Tomography (iCT) 2016: Proceedings*, Wels.

Hiller, J. (2011), *Abschätzung von Unsicherheiten beim dimensionellen Messen mit industrieller Röntgen-Computertomographie durch Simulation*, Dissertation, Freiburg i. Breisgau: Albert-Ludwigs-Universität Freiburg.

Hiller, J. & Hornberger, P. (2016), „Measurement accuracy in X-ray computed tomography metrology: Toward a systematic analysis of interference effects in tomographic imaging", *Precision Engineering* 45, S. 18–32, DOI: 10.1016/j.precisioneng.2015.12.003.

Hiller, J. & Kasperl, S. (2010), „Zum Verhältnis von Bildqualität und Messgenauigkeit in der CT-Metrologie", *Industrielle Computertomografie Tagung 2010: Proceedings*, hrsg. von J. Kastner, Ranshofen.

Hiller, J., Fuchs, Theobald O. J., Kasperl, S. & Reindl, L. M. (2011), „Einfluss der Bildqualität röntgentomographischer Abbildungen auf Koordinatenmessungen: Grundlagen, Messungen und Simulationen", *tm - Technisches Messen* 78.7-8, S. 334–347, DOI: 10.1524/teme.2011.0137.

Hiller, J., Genta, G., Barbato, G., De Chiffre, L. & Levi, R. (2014), „Measurement uncertainty evaluation in dimensional X-ray computed tomography using the bootstrap method", *International Journal of Precision Engineering and Manufacturing* 15.4, S. 617–622, DOI: 10.1007/s12541-014-0379-9.

Hilpert, U., Bartscher, M., Neugebauer, M., Goebbels, J. & Staude, A. (2008), „Ein neuartiges Normal zur Charakterisierung von Mikrocomputertomografie-Messsystemen", *Industrielle Computertomografie Tagung: Proceedings*, Wels, S. 163–170.

Hilsenstein, V. (2005), „Robust Autofocusing for Automated Microscopy Imaging of Fluorescently Labelled Bacteria“, *Digital Image Computing: Techniques and Applications (DICTA 2005): Proceedings*, Queensland, S. 15, DOI: 10.1109/DICTA.2005.72.

Jaenisch, G.-R., Bellon, C., Samadurau, U., Zhukovskiy, M. & Podoliako, S. (2006), „McRay - A Monte Carlo Model Coupled to CAD for Radiation Techniques“, *9th European Conference of Non-Destructive Testing (ECNDT): Proceedings*, Berlin.

Jeon, J., Yoon, I., Kim, D., Lee, J. & Paik, J. (2010), „Fully digital auto-focusing system with automatic focusing region selection and point spread function estimation“, *IEEE Transactions on Consumer Electronics* 56.3, S. 1204–1210, DOI: 10.1109/TCE.2010.5606247.

Joint Committee for Guides in Metrology (2008a), *Evaluation of measurement data — Supplement 1 to the "Guide to the expression of uncertainty in measurement" — Propagation of distributions using a Monte Carlo method*, JCGM 101.

– (2008b), *Evaluation of measurement data - Guide to the expression of uncertainty in measurement*, JCGM 100.

Kalender, W. A. (2000), *Computertomographie: Grundlagen, Gerätetechnologie, Bildqualität, Anwendung*, Publicis-MCD-Verlag, Erlangen.

– (2011), *Computed tomography: Fundamentals, system technology, image quality, applications*, 3rd rev. ed., Publicis Corporate Pub, Erlangen.

Kamm, K.-F. (1998), *Grundlagen der Röntgenabbildung*, *Moderne Bildgebung*, hrsg. von K. Ewen, Referenz-Reihe radiologische Diagnostik, Thieme, Stuttgart und New York, S. 45–62.

Kasperl, S., Hiller, J. & Krumm, M. (2008), „Computed Tomography Metrology in Industrial Research & Development“, *International Symposium on NDT in Aerospace: Proceedings*, Fürth.

Keferstein, C. P. & Marxer, M. (2015), *Fertigungsmesstechnik: Praxisorientierte Grundlagen, moderne Messverfahren*, 8., vollst. überarb. u. erw. Aufl., Springer, Wiesbaden.

Kiekens, K., Welkenhuyzen, F., Tan, Y., Bleys, P., Voet, A., Kruth, J.-P. & Dewulf, W. (2011), „A test object with parallel grooves for calibration and accuracy assessment of industrial computed tomography (CT) metrology“, *Measurement Science and Technology* 22.11, S. 115502, DOI: 10.1088/0957-0233/22/11/115502.

Kiekens, K., Welkenhuyzen, F., Tan, Y., Bleys, P., Voet, A., Dewulf, W. & Kruth, J.-P. (2010), „A Test Object For Calibration And Accuracy Assessment In X-RAY CT Metrology“, *10th International Symposium on Measurement and Quality Control 2010: Proceedings*, Osaka.

Kiekens, K., Tan, Y., Welkenhuyzen, F., Kruth, J.-P. & Dewulf, W. (2012), „Uncertainty Determination for Dimensional Measurements with Computed Tomography“, *4th Conference on Industrial Computed Tomography (iCT) 2012: Proceedings*, Wels.

Krämer, A., Batra, A. & Lanza, G. (2016), „Development of test bodies for deployment in industrial Computed Tomography“, *6th Conference on Industrial Computed Tomography (iCT) 2016: Proceedings*, Wels.

Krämer, A., Kovacheva, E. & Lanza, G. (2015), „Projection based evaluation of CT image quality in dimensional metrology“, *Digital Industrial Radiology and Computed Tomography (DIR 2015): Proceedings*, Ghent.

Krämer, A. & Lanza, G. (2016), „Assessment of the Measurement Procedure for Dimensional Metrology with X-ray Computed Tomography“, *Procedia CIRP* 43, S. 362–367, DOI: 10.1016/j.procir.2016.02.018.

Krämer, P. (2012), *Simulationsgestützte Abschätzung der Genauigkeit von Messungen mit der Röntgen-Computertomographie*, Dissertation, Erlangen: Universität Erlangen-Nürnberg.

Krämer, P. & Weckenmann, A. (2010), „Simulative Abschätzung der Messunsicherheit von Messungenmit Röntgen-Computertomographie“, *Industrielle Computertomografie Tagung 2010: Proceedings*, hrsg. von J. Kastner, Ranshofen.

– (2011), „Modellbasierte simulationsgestützte Messunsicherheitsbestimmung am Beispiel Roentgen-CT“, *VDI-Fachtagung Messunsicherheit 2011 – Messunsicherheit praxisgerecht bestimmen*, Bd. 2149:5, VDI-Berichte, VDI-Verlag GmbH, Düsseldorf, S. 13–22.

Krieger, H. (2012), *Grundlagen der Strahlungsphysik und des Strahlenschutzes*, 4., überarb. u. erw. Aufl. 2012, Vieweg+Teubner Verlag, Wiesbaden.

Kristan, M., Perš, J., Perše, M. & Kovačič, S. (2006), „A Bayes-spectral-entropy-based measure of camera focus using a discrete cosine transform“, *Pattern Recognition Letters* 27.13, S. 1431–1439, DOI: 10.1016/j.patrec.2006.01.016.

Krotkov, E. (1988), „Focusing“, *International Journal of Computer Vision* 1.3, S. 223–237, DOI: 10.1007/BF00127822.

Kruth, J.-P., Bartscher, M., Carmignato, S., Schmitt, R., De Chiffre, L. & Weckenmann, A. (2011), „Computed tomography for dimensional metrology“, *CIRP Annals - Manufacturing Technology* 60.2, S. 821–842, DOI: 10.1016/j.cirp.2011.05.006.

Kuhn, C., Reiter, M., Schröpfer, S., Kasperl, S., Weiss, D. & Erler, M. (2014), „CT Wizard - Automatic determination of optimal CT measuring parameters for an unknown part“, *11th European Conference on Non-Destructive Testing (ECNDT): Proceedings*, Prag.

Léonard, F., Brown, S. B., Withers, P. J., Mummery, P. M. & McCarthy, M. B. (2014), „A new method of performance verification for x-ray computed tomography measurements“, *Measurement Science and Technology* 25.6, S. 65401, DOI: 10.1088/0957-0233/25/6/065401.

Li, X. (2002), „Blind image quality assessment“, *International Conference on Image Processing (ICIP 2002): Proceedings*, Rochester, S. 449–452, DOI: 10.1109/ICIP.2002.1038057.

Liang, L., Wang, S., Chen, J., Ma, S., Zhao, D. & Gao, W. (2010), „No-reference perceptual image quality metric using gradient profiles for JPEG2000“, *Signal Processing: Image Communication* 25.7, S. 502–516, DOI: 10.1016/j.image.2010.01.007.

Lifton, J. J., Cross, K. J., Malcolm, A. A. & McBride, J. W. (2013), „A reference workpiece for voxel size correction in x-ray computed tomography“, *International Conference on Optics in Precision Engineering and Nanotechnology (icOPEN2013): Proceedings*, hrsg. von C. Quan, K. Qian & A. Asundi, Bd. 8769, Singapur, DOI: 10.1117/12.2020916.

Liu, R., Li, Z. & Jia, J. (2008), „Image partial blur detection and classification“, *IEEE Conference on Computer Vision and Pattern Recognition (CVPR)*, S. 1–8, DOI: 10.1109/CVPR.2008.4587465.

Marziliano, P., Dufaux, F., Winkler, S. & Ebrahimi, T. (2002), „A no-reference perceptual blur metric“, *IEEE International Geoscience and Remote Sensing Symposium (IGARSS 2002): Proceedings*, Toronto, S. 57–60, DOI: 10.1109/ICIP.2002.1038902.

Marziliano, P., Dufaux, F., Winkler, S. & Ebrahimi, T. (2004), „Perceptual blur and ringing metrics: Application to JPEG2000“, *Signal Processing: Image Communication* 19.2, S. 163–172, DOI: 10.1016/j.image.2003.08.003.

Müller, P. (2012), *Coordinate Metrology by Traceable Computed Tomography*, Dissertation, Lyngby: Technical University of Denmark.

Müller, P., Hiller, J., Cantatore, A., Bartscher, M. & De Chiffre, L. (2012a), „Investigation on the influence of image quality in X-ray CT metrology“, *4th Conference on Industrial Computed Tomography (iCT) 2012: Proceedings*, Wels.

Müller, P., Hiller, J., Cantatore, A., Tosello, G. & De Chiffre, L. (2012b), „New reference object for metrological performance testing of industrial CT systems: Proceedings of the 12th euspen International Conference“, *12th International Conference of the European Society for Precision Engineering & Nano Technology (euspen): Proceedings*, Stockholm.

Nayar, S. K. & Nakagawa, Y. (1994), „Shape from focus“, *IEEE Transactions on Pattern Analysis and Machine Intelligence* 16.8, S. 824–831, DOI: 10.1109/34.308479.

Neitzel, U. (1998), *Grundlagen der digitalen Bildgebung*, *Moderne Bildgebung*, hrsg. von K. Ewen, Referenz-Reihe radiologische Diagnostik, Thieme, Stuttgart und New York, S. 63–76.

Neugebauer, M., Hilpert, U., Bartscher, M., Gerwien, N., Kunz, S., Neumann, F., Goebbels, J. & Weidemann, G. (2007), „Ein geometrisches Normal zur Prüfung von Röntgen-Mikro-Computertomografiemesssystemen“, *tm - Technisches Messen* 74.11, S. 565–571.

Niggemann, C. (2012), *Wissensbasiertes System zur Verbesserung dimensioneller Messungen mittels Röntgen-Computertomografie*, Dissertation, Aachen: Rheinisch-Westfälische Technische Hochschule Aachen.

Nischwitz, A., Fischer, M. & Habersäcker, P. (2007), *Computergrafik und Bildverarbeitung: Alles für Studium und Praxis - Bildverarbeitungswerkzeuge, Beispiel-Software und interaktive Vorlesungen online verfügbar*, 2., verb. und erw. Aufl., Vieweg, Wiesbaden.

Ong, E., Lin, W., Lu, Z., Yang, X., Yao, S., Pan, F., Jiang, L. & Moschetti, F. (2003), „A no-reference quality metric for measuring image blur", *Seventh International Symposium on Signal Processing and Its Application: Proceedings*, Bd. 1, Paris, S. 469–472, DOI: 10.1109/ISSPA.2003.1224741.

Otsu, N. (1975), „A threshold selection method from gray-level histograms", *Automatica* 11.285-296, S. 23–27.

Pertuz, S., Puig, D. & Garcia, M. A. (2013), „Analysis of focus measure operators for shape-from-focus", *Pattern Recognition* 46.5, S. 1415–1432, DOI: 10.1016/j.patcog.2012.11.011.

Pfeifer, T. & Schmitt, R. (2010), *Fertigungsmesstechnik*, 3., überarb. und erw. Aufl., Oldenbourg, München.

Prince, J. L. & Links, J. M. (2006), *Medical imaging signals and systems*, Pearson Education, Upper Saddle River, NJ.

Rebuffel, V., Tabary, J., Wozniak, M. & Juliac, E. (2006), „Optimization of Acquisition Parameters for Radiography using Numerical Simulation", *9th European Conference of Non-Destructive Testing (ECNDT): Proceedings*, Berlin, S. 1–9.

Rebuffel, V., Tabary, J., Tartare, M., Brambilla, A. & Verger, L. (2014), „SINDBAD: a Simulation Software Tool for Multi-energy X-Ray Imaging", *11th European Conference on Non-Destructive Testing (ECNDT): Proceedings*, Prag.

Reisinger, S., Kasperl, S., Franz, M., Hiller, J. & Ute Schmid (2011), „Simulation-Based Planning of Optimal Conditions for Industrial Computed Tomography", *International Sympo-*

sium on Digital Industrial Radiology and Computed Tomography (DIR 2011): Proceedings, Berlin.

Reiter, M., Heinzl, C., Salaberger, D., Weiss, D., Kuhn, C. & Kastner, J. (2010a), „Simulative Parameteroptimierung für Metrologie an Multi-Materialbauteilen mit industrieller Röntgen Computertomografie“, *Industrielle Computertomografie Tagung 2010: Proceedings*, hrsg. von J. Kastner, Ranshofen.

Reiter, M., Heinzl, C., Salaberger, D., Weiss, D. & Kastner, J. (2010b), „Study on Parameter Variation of an Industrial Computed Tomography Simulation Tool Concerning Dimensional Measurement Deviations“, *10th European Conference on Non-destructive Testing (ECNDT: Proceedings*, Moskau.

Reiter, M., Krumm, M., Kasperl, S., Kuhn, C., Erler, M., Weiss, D., Heinzl, C., Gusenbauer, C. & Kastner, J. (2012), „Evaluation of transmission based image quality optimisation for X-ray computed“, *4th Conference on Industrial Computed Tomography (iCT) 2012: Proceedings*, Wels, S. 241–250.

Reiter, M., Weiss, D., Gusenbauer, C., Erler, M., Kuhn, C., Kasperl, S. & Kastner, J. (2014), „Evaluation of a histogram-based image quality measure for X-ray computed tomography“, *5th Conference on Industrial Computed Tomography (iCT) 2014: Proceedings*, Wels, S. 273–282.

Reiter, M., Erler, M., Kuhn, C., Gusenbauer, C. & Kastner, J. (2016), „SimCT: a simulation tool for X-ray imaging“, *6th Conference on Industrial Computed Tomography (iCT) 2016: Proceedings*, Wels.

Rudnaya, M. & Ochshorn, R. (2011), „Sharpness functions for computational aesthetics and image sublimation“, *IAENG International Journal of Computer Science* 38.4, S. 359–367.

Salzinger, M., Hornberger, P. & Hiller, J. (2016), „Analysis and comparison of the surface filtering characteristics of computed tomography and tactile measurements“, *6th Conference on Industrial Computed Tomography (iCT) 2016: Proceedings*, Wels.

Santos, A., Ortiz de Solórzano, C., Vaquero, J., Peña, J. M., Malpica, N. & Del Pozo, F. (1997), „Evaluation of autofocus functions in molecular cytogenetic analysis“, *Journal of Microscopy* 188.03, S. 264–272, DOI: `10.1046/j.1365-2818.1997.2630819.x`.

Schielein, R., Schröpfer, S., Kiunke, M., Zabler, S. & Kasperl, S. (2014), „Quantitative evaluation of CT Images by means of Shannon Entropy“, *11th European Conference on Non-Destructive Testing (ECNDT): Proceedings*, Prag.

Schielein, R., Scholz, G., Wagner, R., Kretzer, C., Fuchs, T., Kasperl, S. & Bär, F. (2016), „The MUSICES Project: Simulative automated CT acquisition planning for historical brass instruments improves image quality“, *6th Conference on Industrial Computed Tomography (iCT) 2016: Proceedings*, Wels.

Schlungbaum, W., Flesch, U., Stabell, U., Grieszat, H. & Krüger, R. (1994), *Medizinische Strahlenkunde: Eine Einführung in die physikalischen, technischen und biologischen Grundlagen der medizinischen Strahlenanwendung für Mediziner, medizinisch-technische Radiologieassistentinnen und -assistenten*, 7., vollständig überarbeitete Aufl., DeGruyter, Berlin und New York.

Schmitt, R. & Buratti, A. (2015), „Influence of Multimaterial Aspects on the Measurement Accuracy for Industrial Computed Tomography“, *International Symposium on Digital Industrial Radiology and Computed Tomography (DIR 2015): Proceedings*, Ghent.

Schmitt, R. & Isenberg, C. (2014), „Computertomografie für industrielle dimensionelle Messtechnik“, *tm - Technisches Messen* 81.5, S. 201–208, DOI: 10.1515/teme-2014-0421.

Schmitt, R., Isenberg, C. & Niggemann, C. (2012), „Knowledge-Based System to improve dimensional CT Measurements“, *4th Conference on Industrial Computed Tomography (iCT) 2012: Proceedings*, Wels.

Schmitt, R. & Niggemann, C. (2010a), „Einfluss der Bauteilorientierung auf die Messunsicherheit bei dimensionellen Computertomografie Messungen“, *Industrielle Computertomografie Tagung 2010: Proceedings*, hrsg. von J. Kastner, Ranshofen.

– (2010b), „Uncertainty in measurement for x-ray-computed tomography using calibrated work pieces“, *Measurement Science and Technology* 21.5, S. 54008, DOI: 10.1088/0957-0233/21/5/054008.

Schmitt, R. & Niggemann, C. (2011), „Method for Efficient Identification of Similar Work Pieces for X-Ray Computed Tomography“, *International Symposium on Digital Industrial Radiology and Computed Tomography (DIR): Proceedings*, Berlin.

Schmitt, R., Buratti, A., Grozmani, N., Voigtmann, C. & Peterek, M. (2018), „Model-based optimisation of CT imaging parameters for dimensional measurements on multimaterial workpieces“, *CIRP Annals* 67.1, S. 527–530, DOI: 10.1016/j.cirp.2018.04.003.

Schnell, H. (2011), *Hochgeschwindigkeits-Computertomografie zur schnellen, zerstörungsfreien und intelligenten Inspektion und Prozessoptimierung von Aluminium-Gussteilen*, Dissertation, Erlangen: Universität Erlangen-Nürnberg.

Schönfeld, T. & Bartscher, M. (2015), „Verification and Application of Quality Measures in Dimensional Computed Tomography“, *International Symposium on Digital Industrial Radiology and Computed Tomography (DIR 2015): Proceedings*, Ghent.

Schröder, U. G. & Schröder, B. S. (2004), *Strahlenschutz für Mediziner*, Thieme, Stuttgart.

Schwenke, H., Härtig, F., Neuschaefer-Rube, U., Jusko, O. & Hirsch, J. (2007), „Koordinatenmesstechnik als Schlüsseltechnologie der mechanischen Produktion: Herausforderungen für die PTB“, *PTB Mitteilungen* 117.4, S. 349–353.

Shepp, L. A. & Logan, B. F. (1974), „The Fourier reconstruction of a head section“, *IEEE Transactions on Nuclear Science* 21.3, S. 21–43, DOI: 10.1109/TNS.1974.6499235.

Siebertz, K., Bebber, D. T. v. & Hochkirchen, T. (2010), *Statistische Versuchsplanung: Design of Experiments (DOE)*, 1. Aufl., VDI-Buch, Springer, Heidelberg und Dordrecht.

Sobel, I. & Feldman, G. (1968), *A 3x3 Isotropic Gradient Operator for Image Processing.*

Staude, A., Goebbels, J., Ehrig, K., Bartscher, M., Koch, M. & Neuschaefer-Rube, U. (2010), „A New Test Piece for Geometry and Defect Measurements with Micro-CT“, *10th European Conference on Non-Destructive Testing (ECNDT): Proceedings*, Moskau.

Steinbeiß, H. P. (2005), *Dimensionelles Messen mit Mikro-Computertomographie*, Dissertation, München: Technische Universität München.

Steinbrecher, R. (1993), *Bildverarbeitung in der Praxis*, Oldenbourg, München und Wien.

Stolfi, A. & De Chiffre, L. (2015), „CT Performance Evaluation Using Multi Material Assemblies“, *International Symposium on Digital Industrial Radiology and Computed Tomography (DIR 2015): Proceedings*, Ghent.

Süsse, H. & Rodner, E. (2014), *Bildverarbeitung und Objekterkennung: Computer Vision in Industrie und Medizin*, Springer Vieweg, Wiesbaden.

Tabary, J., Hugonnard, P. & Mathy, F. (2007), „Sindbad - a realistic multi-purpose and scalable X-ray simulation tool for NDT applications“, *International Symposium on Digital industrial Radiology and Computed Tomography (DIR 2007): Proceedings*, Lyon.

Tan, Y., Kiekens, K., Welkenhuyzen, F., Angel, J., De Chiffre, L., Kruth, J.-P. & Dewulf, W. (2014), „Simulation-aided investigation of beam hardening induced errors in CT dimensional metrology“, *Measurement Science and Technology* 25.6, S. 64014, DOI: 10.1088/0957-0233/25/6/064014.

Tuy, H. K. (1983), „An Inversion Formula for Cone-Beam Reconstruction“, *SIAM Journal on Applied Mathematics* 43.3, S. 546–552, DOI: 10.1137/0143035.

VDI/VDE-Gesellschaft Mess- und Automatisierungstechnik, Hrsg. (2011), *Fertigungsmesstechnik 2020: Technologie-Roadmap für die Messtechnik in der industriellen Produktion*, VDI-Verlag, Düsseldorf.

Verein Deutscher Ingenieure (2008), *Genauigkeit von Koordinatenmessgeräten - Kenngrößen und deren Prüfung - Ermittlung der Unsicherheit von Messungen auf Koordinatenmessgeräten durch Simulation*, VDI/VDE 2617-7.

– (2010), *Computertomografie in der dimensionellen Messtechnik - Einflussgrößen auf das Messergebnis und Empfehlungen für dimensionelle Computertomografie-Messungen*, VDI/VDE 2630-1.2.

– (2011a), *Computertomografie in der dimensionellen Messtechnik - Leitfaden zur Anwendung von DIN EN ISO 10360 für Koordinatenmessgeräte mit CT-Sensoren*, VDI/VDE 2630-1.3.

Verein Deutscher Ingenieure (2011b), *Genauigkeit von Koordinatenmessgeräten - Kenngrößen und deren Prüfung - Ermittlung der Unsicherheit von Messungen auf Koordinatenmessgeräten durch Messunsicherheitsbilanzen*, VDI/VDE 2617-11.

– (2013), *Genauigkeit von Koordinatenmessgeräten - Kenngrößen und deren Prüfung - Prüfprozesseignung von Messungen mit Koordinatenmessgeräten*, VDI/VDE 2617-8.

– (2014), *Computertomografie in der dimensionellen Messtechnik - Grundlagen und Definitionen*, VDI/VDE 2630-1.1.

– (2015), *Computertomografie in der dimensionellen Messtechnik - Bestimmung der Messunsicherheit und der Prüfprozesseignung von Koordinatenmessgeräten mit CT-Sensoren*, VDI/VDE 2630-2.1.

Vollath, D. (1988), „The influence of the scene parameters and of noise on the behaviour of automatic focusing algorithms“, *Journal of Microscopy* 151.2, S. 133–146, DOI: 10.1111/j.1365-2818.1988.tb04620.x.

Weckenmann, A. (2012), *Koordinatenmesstechnik: Flexible Strategien für funktions- und fertigungsgerechtes Prüfen*, 2., vollständig überarbeitete Auflage, Hanser Verlag, München.

Weckenmann, A. & Krämer, P. (2009), „Assessment of measurement uncertainty caused in the preparation of measurements using computed tomography“, *19th IMEKO World Congress: Proceedings*, Lissabon, S. 1888–1892.

Weiss, D., Deffner, A. & Kuhn, C. (2010), „Einfluß der Quellbewegung auf Reproduzierbarkeit und Antastabweichung im Röntgen-Computertomographen“, *2nd Conference on Industrial Computed Tomography (iCT) 2010: Proceedings*, Bd. 79, Wels, S. 227–234.

Xue, L., Suzuki, H., Ohtake, Y., Fujimoto, H., Abe, M., Sato, O. & Takatsuji, T. (2016), „Quality evaluation of X-ray computed tomography volume data in dimensional metrology“, *6th Conference on Industrial Computed Tomography (iCT) 2016: Proceedings*, Wels.

Yeo, T. T., Ong, S. H., Jayasooriah & Sinniah, R. (1993), „Autofocusing for tissue microscopy“, *Image and Vision Computing* 11.10, S. 629–639, DOI: 10.1016/0262-8856(93)90059-P.

Yousefi, S., Rahman, M. & Kehtarnavaz, N. (2011), „A new auto-focus sharpness function for digital and smart-phone cameras“, *IEEE Transactions on Consumer Electronics* 57.3, S. 1003–1009, DOI: 10.1109/TCE.2011.6018848.

Abbildungsverzeichnis

Tabellenverzeichnis

Anhang

A.1 Versuchspläne

VN	U	I	x-Position	Gain	VN	U	I	x-Position	Gain
1	95	278	409	8	41	94	264	333	8
2	115	122	369	2,5	42	96	203	432	2,5
3	94	180	393	2,5	43	108	175	379	2,5
4	124	150	389	2,5	44	111	108	440	2,5
5	119	205	363	8	45	120	233	331	2,5
6	102	88	328	2,5	46	107	216	341	8
7	128	102	424	2,5	47	92	141	322	2,5
8	111	116	412	8	48	120	283	371	8
9	119	99	324	8	49	102	133	407	8
10	112	286	353	2,5	50	98	125	446	8
11	110	219	361	2,5	51	106	158	405	2,5
12	121	169	335	2,5	52	121	197	357	8
13	125	230	296	8	53	101	292	347	8
14	116	200	430	2,5	54	104	225	308	8
15	92	289	365	2,5	55	109	267	345	2,5
16	109	211	314	8	56	122	269	349	2,5
17	116	147	448	2,5	57	125	177	450	2,5
18	118	183	399	2,5	58	123	255	414	8
19	123	105	310	2,5	59	86	297	438	2,5
20	112	164	436	8	60	114	256	442	2,5
21	95	208	306	2,5	61	121	80	354	8
22	129	222	294	2,5	62	85	278	370	8
23	90	161	316	8	63	92	289	442	8
24	113	239	401	8	64	126	80	346	2,5
25	117	236	444	1	65	92	267	442	8
26	97	186	428	8	66	126	234	314	1
27	115	172	337	2,5	67	121	124	434	8
28	100	166	387	2,5	68	85	201	290	2,5
29	86	191	418	8	69	92	289	442	2,5
30	106	152	422	8	70	94	245	370	8
31	130	113	320	8	71	112	201	354	2,5
32	108	214	391	8	72	121	223	426	2,5
33	117	261	355	2,5	73	108	245	330	8
34	91	272	326	2,5	74	105	190	394	2,5
35	93	275	367	8	75	92	124	378	8
36	89	228	397	8	76	108	289	354	2,5
37	113	247	434	2,5	77	108	267	418	8
38	100	127	351	8	78	85	234	450	2,5
39	124	83	290	8	79	128	135	426	2,5
40	105	194	377	8	80	105	135	386	8

Tabelle A.1: Latin Hypercube Versuchsplan Stufenzylinder Aluminium

VN	U	I	x-Position	Gain	VN	U	I	x-Position	Gain
1	101	183	273	2,5	41	97	191	387	8
2	119	125	437	8	42	116	226	260	8
3	96	218	219	8	43	107	119	330	8
4	99	167	257	8	44	130	202	339	8
5	85	186	447	8	45	104	231	422	8
6	115	223	377	8	46	127	143	403	8
7	92	281	209	8	47	110	215	222	8
8	124	93	320	2,5	48	109	228	390	2,5
9	123	135	418	2,5	49	112	292	241	2,5
10	91	273	301	8	50	115	212	406	2,5
11	90	276	450	8	51	98	196	349	8
12	106	289	336	8	52	117	146	314	2,5
13	108	194	232	2,5	53	111	103	355	2,5
14	104	247	346	2,5	54	111	234	352	2,5
15	99	106	285	8	55	121	220	365	2,5
16	122	175	263	8	56	121	252	270	2,5
17	87	268	276	2,5	57	125	239	409	8
18	106	180	434	8	58	129	199	308	8
19	102	159	228	8	59	125	151	380	2,5
20	102	162	323	2,5	60	103	290	338	8
21	103	242	254	2,5	61	110	290	325	2,5
22	90	172	213	2,5	62	110	290	225	8
23	113	148	311	8	63	105	174	213	8
24	114	207	282	2,5	64	128	143	213	8
25	126	114	238	2,5	65	105	185	225	2,5
26	123	255	206	8	66	110	174	213	8
27	124	101	415	2,5	67	128	164	438	2,5
28	120	122	368	2,5	68	123	164	213	2,5
29	98	300	374	2,5	69	99	122	213	8
30	89	188	327	8	70	94	164	225	2,5
31	113	257	251	2,5	71	121	216	288	8
32	128	249	342	2,5	72	103	300	288	8
33	129	95	361	2,5	73	126	227	250	1
34	103	263	203	2,5	74	90	164	338	8
35	93	297	371	8	75	130	132	400	8
36	118	90	289	2,5	76	87	216	388	2,5
37	119	210	244	2,5	77	99	195	325	2,5
38	108	295	216	2,5	78	119	90	375	2,5
39	116	244	428	2,5	79	120	290	427	1
40	105	164	444	2,5	80	123	245	312	1

Tabelle A.2: Latin Hypercube Versuchsplan Treppenkörper Aluminium

A.2 Messunsicherheitsermittlung

	Merkmal	x_p (mm)	u_{cal} (µm)	u_p (µm)	u_w (µm)	u_{Iso} (µm)	u_{bt} (µm)	b (µm)	U (µm)	$U(b)$ (µm)
VN20	*A1*	40,0110	1,56	0,69	1,62	2,06	0,16	-1,64	6,27	7,08
	A2	30,0134	1,51	0,36	1,22	2,06	0,12	-1,24	5,71	6,22
	A3	20,0124	1,47	0,34	0,81	2,06	0,08	-0,90	5,36	5,65
	A4	10,0087	1,43	0,16	0,41	2,06	0,04	-0,56	5,09	5,21
	D1	5,0031	1,24	1,09	0,20	2,06	0,02	-15,16	5,30	30,79
	D2	14,9959	0,95	0,42	0,61	2,06	0,06	4,11	4,77	9,50
	D3	24,9972	0,92	0,49	1,01	2,06	0,10	2,90	5,05	7,69
	D4	35,0006	0,98	0,61	1,42	2,06	0,14	5,24	5,52	11,85
	D5	44,9954	0,98	0,61	1,83	2,06	0,18	4,27	5,98	10,42
	D6	54,9964	0,99	0,84	2,23	2,06	0,22	4,21	6,62	10,72
VN40	*A1*	40,0121	1,56	0,52	0,38	1,80	0,17	-0,49	4,95	5,05
	A2	30,0141	1,51	0,21	0,28	1,80	0,13	-0,47	4,76	4,85
	A3	20,0128	1,47	0,16	0,19	1,80	0,09	-0,46	4,68	4,77
	A4	10,0089	1,43	0,07	0,09	1,80	0,04	-0,44	4,60	4,68
	D1	5,0076	1,24	1,04	0,05	1,80	0,02	-10,75	4,84	22,03
	D2	14,9945	0,95	0,58	0,14	1,80	0,06	2,74	4,25	6,94
	D3	24,9957	0,92	0,62	0,24	1,80	0,11	1,42	4,26	5,12
	D4	34,9991	0,98	0,54	0,33	1,80	0,15	3,73	4,29	8,61
	D5	44,9938	0,98	0,42	0,42	1,80	0,19	2,66	4,28	6,83
	D6	54,9952	0,99	0,26	0,52	1,80	0,24	3,04	4,29	7,44
VN60	*A1*	40,0116	1,56	0,39	1,46	2,09	0,17	-1,01	6,04	6,37
	A2	30,0135	1,51	0,44	1,09	2,09	0,12	-1,05	5,67	6,05
	A3	20,0122	1,47	0,18	0,73	2,09	0,08	-1,06	5,33	5,74
	A4	10,0085	1,43	0,22	0,36	2,09	0,04	-0,76	5,13	5,35
	D1	5,0045	1,24	1,11	0,18	2,09	0,02	-13,81	5,36	28,13
	D2	14,9951	0,95	0,71	0,55	2,09	0,06	3,30	4,93	8,24
	D3	24,9966	0,92	0,58	0,91	2,09	0,10	2,26	5,05	6,78
	D4	34,9999	0,98	0,62	1,27	2,09	0,14	4,45	5,42	10,43
	D5	44,9947	0,98	0,63	1,64	2,09	0,19	3,58	5,81	9,22
	D6	54,9960	0,99	0,54	2,00	2,09	0,23	3,76	6,23	9,76
VN80	*A1*	40,0120	1,62	0,73	0,38	1,83	0,17	-0,61	5,10	5,24
	A2	30,0144	1,56	0,14	0,28	1,83	0,13	-0,20	4,79	4,81
	A3	20,0129	1,53	0,28	0,19	1,83	0,09	-0,37	4,74	4,80
	A4	10,0091	1,48	0,24	0,09	1,83	0,04	-0,22	4,67	4,69
	D1	5,0080	1,03	0,55	0,05	1,83	0,02	-10,35	4,56	21,19
	D2	14,9939	0,65	0,36	0,14	1,83	0,06	2,13	4,19	5,98
	D3	24,9952	0,61	0,32	0,23	1,83	0,11	0,88	4,17	4,53
	D4	34,9986	0,69	0,32	0,33	1,83	0,15	3,21	4,26	7,71
	D5	44,9933	0,69	0,45	0,42	1,83	0,19	2,19	4,34	6,17
	D6	54,9953	0,71	0,63	0,52	1,83	0,23	3,09	4,49	7,64

Tabelle A.3: Messunsicherheitsermittlung für Merkmale am Stufenzylinder bei Messungen im LHD-Versuchsplan

	Merkmal	x_p (mm)	u_{cal} (µm)	u_p (µm)	u_w (µm)	u_{Iso} (µm)	u_{bt} (µm)	b (µm)	U (µm)	$U(b)$ (µm)
VN20	*A1*	10,0010	1,24	0,77	0,09	1,54	0,04	0,28	4,25	4,28
	A2	20,0014	1,76	2,20	0,18	1,54	0,08	0,47	6,43	6,50
	A3	29,9980	3,10	3,38	0,28	1,54	0,11	2,80	9,69	11,19
	A4	39,9917	1,31	1,04	0,37	1,54	0,15	0,01	4,61	4,61
	A5	4,9813	2,37	0,71	0,05	1,54	0,02	0,97	5,82	6,13
	A6	9,9758	2,50	0,85	0,09	1,54	0,04	3,04	6,11	8,61
	A7	14,9701	2,72	0,61	0,14	1,54	0,06	4,08	6,38	10,36
	A8	19,9907	2,73	1,19	0,18	1,54	0,08	3,58	6,71	9,81
VN40	*A1*	10,0005	1,24	1,76	0,28	2,09	0,03	-0,26	6,03	6,05
	A2	20,0031	1,76	4,14	0,56	2,09	0,07	2,15	9,98	10,86
	A3	29,9998	3,10	5,07	0,84	2,09	0,10	4,60	12,72	15,70
	A4	39,9893	1,31	0,80	1,12	2,09	0,13	-2,43	5,65	7,46
	A5	4,9780	2,37	1,17	0,14	2,09	0,02	-2,37	6,74	8,24
	A6	9,9726	2,50	0,51	0,28	2,09	0,03	-0,18	6,61	6,62
	A7	14,9667	2,72	0,66	0,42	2,09	0,05	0,64	7,04	7,15
	A8	19,9870	2,73	1,39	0,56	2,09	0,07	-0,07	7,50	7,51
VN60	*A1*	9,9996	1,24	1,08	0,09	1,62	0,04	-1,18	4,63	5,20
	A2	20,0014	1,76	1,99	0,18	1,62	0,07	0,43	6,24	6,29
	A3	29,9974	3,10	1,82	0,27	1,62	0,11	2,16	7,91	9,01
	A4	39,9904	1,31	0,97	0,37	1,62	0,15	-1,33	4,67	5,38
	A5	4,9820	2,37	2,24	0,05	1,62	0,02	1,65	7,28	7,99
	A6	9,9763	2,50	1,45	0,09	1,62	0,04	3,48	6,63	9,61
	A7	14,9702	2,72	1,15	0,14	1,62	0,06	4,14	6,75	10,68
	A8	19,9908	2,73	1,54	0,18	1,62	0,07	3,72	7,07	10,27
VN80	*A1*	10,0001	1,24	1,02	0,09	1,51	0,04	-0,63	4,42	4,59
	A2	20,0010	1,76	1,72	0,18	1,51	0,07	0,08	5,79	5,79
	A3	29,9981	3,10	1,56	0,27	1,51	0,11	2,87	7,59	9,52
	A4	39,9928	1,31	0,57	0,37	1,51	0,15	1,06	4,23	4,73
	A5	4,9852	2,37	0,86	0,05	1,51	0,02	4,82	5,87	11,28
	A6	9,9792	2,50	0,95	0,09	1,51	0,04	6,43	6,14	14,25
	A7	14,9731	2,72	0,83	0,14	1,51	0,06	7,09	6,45	15,58
	A8	19,9935	2,73	1,02	0,18	1,51	0,07	6,38	6,58	14,35

Tabelle A.4: Messunsicherheitsermittlung für Merkmale am Treppenkörper bei Messungen im LHD-Versuchsplan wbk Institut für Produktionstechnik

Lebenslauf

Persönliches

Name	Alexandra Stefanie Schabunow (geb. Krämer)
Geburtsdatum	19.05.1985
Geburtsort	Rottweil
Eltern	Dieter und Irmgard Krämer
Familienstand	verheiratet

Ausbildung

2004	Abitur am Droste-Hülshoff-Gymnasium Rottweil
2004-2006	Ausbildung zur Industriemechanikerin (Geräte- und Feinwerktechnik), Aesculap AG, Tuttlingen
2004-2009	B. Eng. *Feinwerktechnik* und Dipl.-Ing. (FH) *Maschinenbau (Automatisierungstechnik)* an der Hochschule Furtwangen
2010-2012	M. Sc. *Optics & Photonics* an der Technischen Universität Delft sowie am Karlsruher Institut für Technologie

Berufstätigkeit

2004-2009	Aesculap AG, Tuttlingen, kooperatives Studium (*Studium Plus*)
2009-2010	Karl Storz GmbH & Co. KG, Tuttlingen, Entwicklungsingenieurin
2012-2017	wbk Institut für Produktionstechnik, Karlsruher Institut für Technologie (KIT), wissenschaftliche Mitarbeiterin
2016	Dänemarks Technische Universität (DTU), Lyngby, Forschungsaufenthalt
seit 05/2017	Robert Bosch GmbH, Bühl, Fertigungskoordination

KIT Karlsruher Institut für Technologie

Forschungsberichte aus dem wbk
Institut für Produktionstechnik
Karlsruher Institut für Technologie (KIT)

Bisher erschienene Bände:

Band 0
Dr.-Ing. Wu Hong-qi

Adaptive Volumenstromregelung mit Hilfe von drehzahlgeregelten Elektroantrieben

Band 1
Dr.-Ing. Heinrich Weiß

Fräsen mit Schneidkeramik - Verhalten des System Werkzeugmaschine-Werkzeug-Werkstück und Prozessanalyse

Band 2
Dr.-Ing. Hans-Jürgen Stierle

Entwicklung und Untersuchung hydrostatischer Lager für die Axialkolbenmaschine

Band 3
Dr.-Ing. Herbert Hörner

Untersuchung des Geräuschverhaltens druckgeregelter Axialkolbenpumpen

Band 4
Dr.-Ing. Rolf-Dieter Brückbauer

Digitale Drehzahlregelung unter der besonderen Berücksichtigung von Quantisierungseffekten

Band 5
Dr.-Ing. Gerhard Staiger

Graphisch interaktive NC-Programmierung von Drehteilen im Werkstattbereich

Band 6
Dr.-Ing. Karl Peters

Ein Beitrag zur Berechnung und Kompensation von Positionierfehlern an Industrierobotern

Band 7
Dr.-Ing. Paul Stauss

Automatisierte Inbetriebnahme und Sicherung der Zuverlässigkeit und Verfügbarkeit numerisch gesteuerter Fertigungseinrichtungen

Band 8
Dr.-Ing. Günter Möckesch

Konzeption und Realisierung eines strategischen, integrierten Gesamtplanungs- und -bearbeitungssystems zur Optimierung der Drehteilorganisation für auftragsbezogene Drehereien

Band 9
Dr.-Ing. Thomas Oestreicher

Rechnergestützte Projektierung von Steuerungen

Band 10
Dr.-Ing. Thomas Selinger

Teilautomatisierte werkstattnahe NC-Programmerstellung im Umfeld einer integrierten Informationsverarbeitung

Band 11
Dr.-Ing. Thomas Buchholz

Prozessmodell Fräsen, Rechnerunterstützte Analyse, Optimierung und Überwachung

Band 12
Dr.-Ing. Bernhard Reichling

Lasergestützte Positions- und Bahnvermessung von Industrierobotern

Band 13
Dr.-Ing. Hans-Jürgen Lesser

Rechnergestützte Methoden zur Auswahl anforderungsgerechter Verbindungselemente

Band 14
Dr.-Ing. Hans-Jürgen Lauffer

Einsatz von Prozessmodellen zur rechnerunterstützten Auslegung von Räumwerkzeugen

Band 15
Dr.-Ing. Michael C. Wilhelm

Rechnergestützte Prüfplanung im Informationsverbund moderner Produktionssysteme

Band 16
Dr.-Ing. Martin Ochs

Entwurf eines Programmsystems zur wissensbasierten Planung und Konfigurierung

Band 17
Dr.-Ing. Heinz-Joachim Schneider

Erhöhung der Verfügbarkeit von hochautomatisierten Produktionseinrichtungen mit Hilfe der Fertigungsleittechnik

Band 18
Dr.-Ing. Hans-Reiner Ludwig

Beanspruchungsanalyse der Werkzeugschneiden beim Stirnplanfräsen

Band 19
Dr.-Ing. Rudolf Wieser

Methoden zur rechnergestützten Konfigurierung von Fertigungsanlagen

Band 20
Dr.-Ing. Edgar Schmitt

Werkstattsteuerung bei wechselnder Auftragsstruktur

Band 21
Dr.-Ing. Wilhelm Enderle

Verfügbarkeitssteigerung automatisierter Montagesysteme durch selbsttätige Behebung prozessbedingter Störungen

Band 22
Dr.-Ing. Dieter Buchberger

Rechnergestützte Strukturplanung von Produktionssystemen

Band 23
Prof. Dr.-Ing. Jürgen Fleischer

Rechnerunterstützte Technologieplanung für die flexibel automatisierte Fertigung von Abkantteilen

Band 24
Dr.-Ing. Lukas Loeffler

Adaptierbare und adaptive Benutzerschnittstellen

Band 25
Dr.-Ing. Thomas Friedmann

Integration von Produktentwicklung und Montageplanung durch neue rechnergestützte Verfahren

Band 26
Dr.-Ing. Robert Zurrin

Variables Formhonen durch rechnergestützte Hornprozesssteuerung

Band 27
Dr.-Ing. Karl-Heinz Bergen

Langhub-Innenrundhonen von Grauguss und Stahl mit einem elektromechanischem Vorschubsystem

Band 28
Dr.-Ing. Andreas Liebisch

Einflüsse des Festwalzens auf die Eigenspannungsverteilung und die Dauerfestigkeit einsatzgehärteter Zahnräder

Band 29
Dr.-Ing. Rolf Ziegler

Auslegung und Optimierung schneller Servopumpen

Band 30
Dr.-Ing. Rainer Bartl

Datenmodellgestützte Wissensverarbeitung zur Diagnose und Informationsunterstützung in technischen Systemen

Band 31
Dr.-Ing. Ulrich Golz

Analyse, Modellbildung und Optimierung des Betriebsverhaltens von Kugelgewindetrieben

Band 32
Dr.-Ing. Stephan Timmermann

Automatisierung der Feinbearbeitung in der Fertigung von Hohlformwerkzeugen

Band 33
Dr.-Ing. Thomas Noe

Rechnergestützter Wissenserwerb zur Erstellung von Überwachungs- und Diagnoseexpertensystemen für hydraulische Anlagen

Band 34
Dr.-Ing. Ralf Lenschow

Rechnerintegrierte Erstellung und Verifikation von Steuerungsprogrammen als Komponente einer durchgängigen Planungsmethodik

Band 35
Dr.-Ing. Matthias Kallabis

Räumen gehärteter Werkstoffe mit kristallinen Hartstoffen

Band 36
Dr.-Ing. Heiner-Michael Honeck

Rückführung von Fertigungsdaten zur Unterstützung einer fertigungsgerechten Konstruktion

Band 37
Dr.-Ing. Manfred Rohr

Automatisierte Technologieplanung am Beispiel der Komplettbearbeitung auf Dreh-/Fräszellen

Band 38
Dr.-Ing. Martin Steuer

Entwicklung von Softwarewerkzeugen zur wissensbasierten Inbetriebnahme von komplexen Serienmaschinen

Band 39
Dr.-Ing. Siegfried Beichter

Rechnergestützte technische Problemlösung bei der Angebotserstellung von flexiblen Drehzellen

Band 40
Dr.-Ing. Thomas Steitz

Methodik zur marktorientierten Entwicklung von Werkzeugmaschinen mit Integration von funktionsbasierter Strukturierung und Kostenschätzung

Band 41
Dr.-Ing. Michael Richter

Wissensbasierte Projektierung elektrohydraulischer Regelungen

Band 42
Dr.-Ing. Roman Kuhn

Technologieplanungssystem Fräsen. Wissensbasierte Auswahl von Werkzeugen, Schneidkörpern und Schnittbedingungen für das Fertigingsverfahren Fräsen

Band 43
Dr.-Ing. Hubert Klein

Rechnerunterstützte Qualitätssicherung bei der Produktion von Bauteilen mit frei geformten Oberflächen

Band 44
Dr.-Ing. Christian Hoffmann

Konzeption und Realisierung eines fertigungsintegrierten Koordinaten-messgerätes

Band 45
Dr.-Ing. Volker Frey

Planung der Leittechnik für flexible Fertigungsanlagen

Band 46
Dr.-Ing. Achim Feller

Kalkulation in der Angebotsphase mit dem selbsttätig abgeleiteten Erfahrungswissen der Arbeitsplanung

Band 47
Dr.-Ing. Markus Klaiber

Produktivitätssteigerung durch rechnerunterstütztes Einfahren von NC-Programmen

Band 48
Dr.-Ing. Roland Minges

Verbesserung der Genauigkeit beim fünfachsigen Fräsen von Freiformflächen

Band 49
Dr.-Ing. Wolfgang Bernhart

Beitrag zur Bewertung von Montagevarianten: Rechnergestützte Hilfsmittel zur kostenorientierten, parallelen Entwicklung von Produkt und Montagesystem

Band 50
Dr.-Ing. Peter Ganghoff

Wissensbasierte Unterstützung der Planung technischer Systeme: Konzeption eines Planungswerkzeuges und exemplarische Anwendung im Bereich der Montagesystemplanung

Band 51
Dr.-Ing. Frank Maier

Rechnergestützte Prozessregelung beim flexiblen Gesenkbiegen durch Rückführung von Qualitätsinformationen

Band 52
Dr.-Ing. Frank Debus

Ansatz eines rechnerunterstützten Planungsmanagements für die Planung in verteilten Strukturen

Band 53
Dr.-Ing. Joachim Weinbrecht

Ein Verfahren zur zielorientierten Reaktion auf Planabweichungen in der Werkstattregelung

Band 54
Dr.-Ing. Gerd Herrmann

Reduzierung des Entwicklungsaufwandes für anwendungsspezifische Zellenrechnersoftware durch Rechnerunterstützung

Band 55
Dr.-Ing. Robert Wassmer

Verschleissentwicklung im tribologischen System Fräsen: Beiträge zur Methodik der Prozessmodellierung auf der Basis tribologisher Untersuchungen beim Fräsen

Band 56
Dr.-Ing. Peter Uebelhoer

Inprocess-Geometriemessung beim Honen

Band 57
Dr.-Ing. Hans-Joachim Schelberg

Objektorientierte Projektierung von SPS-Software

Band 58
Dr.-Ing. Klaus Boes

Integration der Qualitätsentwicklung in featurebasierte CAD/CAM-Prozessketten

Band 59
Dr.-Ing. Martin Schreiber

Wirtschaftliche Investitionsbewertung komplexer Produktionssysteme unter Berücksichtigung von Unsicherheit

Band 60
Dr.-Ing. Ralf Steuernagel

Offenes adaptives Engineering-Werkzeug zur automatisierten Erstellung von entscheidungsunterstützenden Informationssystemen

Band 62
Dr.-Ing. Uwe Schauer

Qualitätsorientierte Feinbearbeitung mit Industrierobotern: Regelungsansatz für die Freiformflächenfertigung des Werkzeug- und Formenbaus

Band 63
Dr.-Ing. Simone Loeper

Kennzahlengestütztes Beratungssystem zur Verbesserung der Logistikleistung in der Werkstattfertigung

Band 64
Dr.-Ing. Achim Raab

Räumen mit hartstoffbeschichteten HSS-Werkzeugen

Band 65,
Dr.-Ing. Jan Erik Burghardt

Unterstützung der NC-Verfahrenskette durch ein bearbeitungs-elementorientiertes, lernfähiges Technologieplanungssystem

Band 66
Dr.-Ing. Christian Tritsch

Flexible Demontage technischer Gebrauchsgüter: Ansatz zur Planung und (teil-)automatisierten Durchführung industrieller Demontageprozesse

Band 67
Dr.-Ing. Oliver Eitrich

Prozessorientiertes Kostenmodell für die entwicklungsbegleitende Vorkalkulation

Band 68
Dr.-Ing. Oliver Wilke

Optimierte Antriebskonzepte für Räummaschinen - Potentiale zur Leistungs-steigerung

Band 69
Dr.-Ing. Thilo Sieth

Rechnergestützte Modellierungsmethodik zerspantechnologischer Prozesse

Band 70
Dr.-Ing. Jan Linnenbuerger

Entwicklung neuer Verfahren zur automatisierten Erfassung der geometrischen Abweichungen an Linearachsen und Drehschwenkköpfen

Band 71
Dr.-Ing. Mathias Klimmek

Fraktionierung technischer Produkte mittels eines frei beweglichen Wasserstrahlwerkzeuges

Band 72
Dr.-Ing. Marko Hartel

Kennzahlenbasiertes Bewertungssystem zur Beurteilung der Demontage- und Recyclingeignung von Produkten

Band 73
Dr.-Ing. Jörg Schaupp

Wechselwirkung zwischen der Maschinen- und Hauptspindelantriebsdynamik und dem Zerspanprozess beim Fräsen

Band 74
Dr.-Ing. Bernhard Neisius

Konzeption und Realisierung eines experimentellen Telemanipulators für die Laparoskopie

Band 75
Dr.-Ing. Wolfgang Walter

Erfolgsversprechende Muster für betriebliche Ideenfindungsprozesse. Ein Beitrag zur Steigerung der Innovationsfähigkeit

Band 76
Dr.-Ing. Julian Weber

Ein Ansatz zur Bewertung von Entwicklungsergebnissen in virtuellen Szenarien

Band 77
Dr.-Ing. Dipl. Wirtsch.-Ing. Markus Posur

Unterstützung der Auftragsdurchsetzung in der Fertigung durch Kommunikation über mobile Rechner

Band 78
Dr.-Ing. Frank Fleissner

Prozessorientierte Prüfplanung auf Basis von Bearbeitungsobjekten für die Kleinserienfertigung am Beispiel der Bohr- und Fräsbearbeitung

Band 79
Dr.-Ing. Anton Haberkern

Leistungsfähigere Kugelgewindetriebe durch Beschichtung

Band 80
Dr.-Ing. Dominik Matt

Objektorientierte Prozess- und Strukturinnovation (OPUS)

Band 81
Dr.-Ing. Jürgen Andres

Robotersysteme für den Wohnungsbau: Beitrag zur Automatisierung des Mauerwerkabaus und der Elektroinstallation auf Baustellen

Band 82
Dr.-Ing. Dipl.Wirtschaftsing. Simone Riedmiller

Der Prozesskalender - Eine Methodik zur marktorientierten Entwicklung von Prozessen

Band 83
Dr.-Ing. Dietmar Tilch

Analyse der Geometrieparameter von Präzisionsgewinden auf der Basis einer Least-Squares-Estimation

Band 84
Dr.-Ing. Dipl.-Kfm. Oliver Stiefbold

Konzeption eines reaktionsschnellen Planungssystems für Logistikketten auf Basis von Software-Agenten

Band 85
Dr.-Ing. Ulrich Walter

Einfluss von Kühlschmierstoff auf den Zerspanprozess beim Fräsen: Beitrag zum Prozessverständniss auf Basis von zerspantechnischen Untersuchungen

Band 86
Dr.-Ing. Bernd Werner

Konzeption von teilautonomer Gruppenarbeit unter Berücksichtigung kultureller Einflüsse

Band 87
Dr.-Ing. Ulf Osmers

Projektieren Speicherprogrammierbarer Steuerungen mit Virtual Reality

Band 88
Dr.-Ing. Oliver Doerfel

Optimierung der Zerspantechnik beim Fertigungsverfahren Wälzstossen: Analyse des Potentials zur Trockenbearbeitung

Band 89
Dr.-Ing. Peter Baumgartner

Stufenmethode zur Schnittstellengestaltung in der internationalen Produktion

Band 90
Dr.-Ing. Dirk Vossmann

Wissensmanagement in der Produktentwicklung durch Qualitätsmethodenverbund und Qualitätsmethodenintegration

Band 91
Dr.-Ing. Martin Plass

Beitrag zur Optimierung des Honprozesses durch den Aufbau einer Honprozessregelung

Band 92
Dr.-Ing. Titus Konold

Optimierung der Fünfachsfräsbearbeitung durch eine kennzahlenunterstützte CAM-Umgebung

Band 93
Dr.-Ing. Jürgen Brath

Unterstützung der Produktionsplanung in der Halbleiterfertigung durch risikoberücksichtigende Betriebskennlinien

Band 94
Dr.-Ing. Dirk Geisinger

Ein Konzept zur marktorientierten Produktentwicklung

Band 95
Dr.-Ing. Marco Lanza

Entwurf der Systemunterstützung des verteilten Engineering mit Axiomatic Design

Band 96
Dr.-Ing. Volker Hüntrup

Untersuchungen zur Mikrostrukturierbarkeit von Stählen durch das Fertigungsverfahren Fräsen

Band 97
Dr.-Ing. Frank Reinboth

Interne Stützung zur Genauigkeitsverbesserung in der Inertialmesstechnik: Beitrag zur Senkung der Anforderungen an Inertialsensoren

Band 98
Dr.-Ing. Lutz Trender

Entwicklungsintegrierte Kalkulation von Produktlebenszykluskosten auf Basis der ressourcenorientierten Prozesskostenrechnung

Band 99
Dr.-Ing. Cornelia Kafka

Konzeption und Umsetzung eines Leitfadens zum industriellen Einsatz von Data-Mining

Band 100
Dr.-Ing. Gebhard Selinger

Rechnerunterstützung der informellen Kommunikation in verteilten Unternehmensstrukturen

Band 101
Dr.-Ing. Thomas Windmüller

Verbesserung bestehender Geschäftsprozesse durch eine mitarbeiterorientierte Informationsversorgung

Band 102
Dr.-Ing. Knud Lembke

Theoretische und experimentelle Untersuchung eines bistabilen elektrohydraulischen Linearantriebs

Band 103
Dr.-Ing. Ulrich Thies

Methode zur Unterstützung der variantengerechten Konstruktion von industriell eingesetzten Kleingeräten

Band 104
Dr.-Ing. Andreas Schmälzle

Bewertungssystem für die Generalüberholung von Montageanlagen –Ein Beitrag zur wirtschaftlichen Gestaltung geschlossener Facility- Managment-Systeme im Anlagenbau

Band 105
Dr.-Ing. Thorsten Frank

Vergleichende Untersuchungen schneller elektromechanischer Vorschubachsen mit Kugelgewindetrieb

Band 106
Dr.-Ing. Achim Agostini

Reihenfolgeplanung unter Berücksichtigung von Interaktionen: Beitrag zur ganzheitlichen Strukturierung und Verarbeitung von Interaktionen von Bearbeitungsobjekten

Band 107
Dr.-Ing. Thomas Barrho

Flexible, zeitfenstergesteuerte Auftragseinplanung in segmentierten Fertigungsstrukturen

Band 108
Dr.-Ing. Michael Scharer

Quality Gate-Ansatz mit integriertem Risikomanagement

Band 109
Dr.-Ing. Ulrich Suchy

Entwicklung und Untersuchung eines neuartigen Mischkopfes für das Wasser Abrasivstrahlschneiden

Band 110
Dr.-Ing. Sellal Mussa

Aktive Korrektur von Verlagerungsfehlern in Werkzeugmaschinen

Band 111
Dr.-Ing. Andreas Hühsam

Modellbildung und experimentelle Untersuchung des Wälzschälprozesses

Band 112
Dr.-Ing. Axel Plutowsky

Charakterisierung eines optischen Messsystems und den Bedingungen des Arbeitsraums einer Werkzeugmaschine

Band 113
Dr.-Ing. Robert Landwehr

Konsequent dezentralisierte Steuerung mit Industrial Ethernet und offenen Applikationsprotokollen

Band 114
Dr.-Ing. Christoph Dill

Turbulenzreaktionsprozesse

Band 115
Dr.-Ing. Michael Baumeister

Fabrikplanung im turbulenten Umfeld

Band 116
Dr.-Ing. Christoph Gönnheimer

Konzept zur Verbesserung der Elektromagnetischen Verträglichkeit (EMV) in Produktionssystemen durch intelligente Sensor/Aktor-Anbindung

Band 117
Dr.-Ing. Lutz Demuß

Ein Reifemodell für die Bewertung und Entwicklung von Dienstleistungsorganisationen: Das Service Management Maturity Modell (SMMM)

Band 118
Dr.-Ing. Jörg Söhner

Beitrag zur Simulation zerspanungstechnologischer Vorgänge mit Hilfe der Finite-Element-Methode

Band 119
Dr.-Ing. Judith Elsner

Informationsmanagement für mehrstufige Mikro-Fertigungsprozesse

Band 120
Dr.-Ing. Lijing Xie

Estimation Of Two-dimension Tool Wear Based On Finite Element Method

Band 121
Dr.-Ing. Ansgar Blessing

Geometrischer Entwurf mikromechatronischer Systeme

Band 122
Dr.-Ing. Rainer Ebner

Steigerung der Effizienz mehrachsiger Fräsprozesse durch neue Planungsmethoden mit hoher Benutzerunterstützung

Band 123
Dr.-Ing. Silja Klinkel

Multikriterielle Feinplanung in teilautonomen Produktionsbereichen – Ein Beitrag zur produkt- und prozessorientierten Planung und Steuerung

Band 124
Dr.-Ing. Wolfgang Neithardt

Methodik zur Simulation und Optimierung von Werkzeugmaschinen in der Konzept- und Entwurfsphase auf Basis der Mehrkörpersimulation

Band 125
Dr.-Ing. Andreas Mehr

Hartfeinbearbeitung von Verzahnungen mit kristallinen diamantbeschichteten Werkzeugen beim Fertigungsverfahren Wälzstoßen

Band 126
Dr.-Ing. Martin Gutmann

Entwicklung einer methodischen Vorgehensweise zur Diagnose von hydraulischen Produktionsmaschinen

Band 127
Dr.-Ing. Gisela Lanza

Simulative Anlaufunterstützung auf Basis der Qualitätsfähigkeiten von Produktionsprozessen

Band 128
Dr.-Ing. Ulf Dambacher

Kugelgewindetrieb mit hohem Druckwinkel

Band 129
Dr.-Ing. Carsten Buchholz

Systematische Konzeption und Aufbau einer automatisierten Produktionszelle für pulverspritzgegossene Mikrobauteile

Band 130
Dr.-Ing. Heiner Lang

Trocken-Räumen mit hohen Schnittgeschwindigkeiten

Band 131
Dr.-Ing. Daniel Nesges

Prognose operationeller Verfügbarkeiten von Werkzeugmaschinen unter Berücksichtigung von Serviceleistungen

Im Shaker Verlag erschienene Bände:

Band 132
Dr.-Ing. Andreas Bechle

Beitrag zur prozesssicheren Bearbeitung beim Hochleistungs-fertigungsverfahren Wälzschälen

Band 133
Dr.-Ing. Markus Herm

Konfiguration globaler Wertschöpfungsnetzwerke auf Basis von Business Capabilities

Band 134
Dr.-Ing. Hanno Tritschler

Werkzeug- und Zerspanprozessoptimierung beim Hartfräsen von Mikrostrukturen in Stahl

Band 135
Dr.-Ing. Christian Munzinger

Adaptronische Strebe zur Steifigkeitssteigerung von Werkzeugmaschinen

Band 136
Dr.-Ing. Andreas Stepping

Fabrikplanung im Umfeld von Wertschöpfungsnetzwerken und ganzheitlichen Produktionssystemen

Band 137
Dr.-Ing. Martin Dyck

Beitrag zur Analyse thermische bedingter Werkstückdeformationen in Trockenbearbeitungsprozessen

Band 138
Dr.-Ing. Siegfried Schmalzried

Dreidimensionales optisches Messsystem für eine effizientere geometrische Maschinenbeurteilung

Band 139
Dr.-Ing. Marc Wawerla

Risikomanagement von Garantieleistungen

Band 140
Dr.-Ing. Ivesa Buchholz

Strategien zur Qualitätssicherung mikromechanischer Bauteile mittels multisensorieller Koordinatenmesstechnik

Band 141
Dr.-Ing. Jan Kotschenreuther

Empirische Erweiterung von Modellen der Makrozerspanung auf den Bereich der Mikrobearbeitung

Band 142
Dr.-Ing. Andreas Knödel

Adaptronische hydrostatische Drucktascheneinheit

Band 143
Dr.-Ing. Gregor Stengel

Fliegendes Abtrennen räumlich gekrümmter Strangpressprofile mittels Industrierobotern

Band 144
Dr.-Ing. Udo Weismann

Lebenszyklusorientiertes interorganisationelles Anlagencontrolling

Band 145
Dr.-Ing. Rüdiger Pabst

Mathematische Modellierung der Wärmestromdichte zur Simulation des thermischen Bauteilverhaltens bei der Trockenbearbeitung

Band 146
Dr.-Ing. Jan Wieser

Intelligente Instandhaltung zur Verfügbarkeitssteigerung von Werkzeugmaschinen

Band 147
Dr.-Ing. Sebastian Haupt

Effiziente und kostenoptimale Herstellung von Mikrostrukturen durch eine Verfahrenskombination von Bahnerosion und Laserablation

Band 148
Dr.-Ing. Matthias Schlipf

Statistische Prozessregelung von Fertigungs- und Messprozess zur Erreichung einer variabilitätsarmen Produktion mikromechanischer Bauteile

Band 149
Dr.-Ing. Jan Philipp Schmidt-Ewig

Methodische Erarbeitung und Umsetzung eines neuartigen Maschinenkonzeptes zur produktflexiblen Bearbeitung räumlich gekrümmter Strangpressprofile

Band 150
Dr.-Ing. Thomas Ender

Prognose von Personalbedarfen im Produktionsanlauf unter Berücksichtigung dynamischer Planungsgrößen

Band 151
Dr.-Ing. Kathrin Peter

Bewertung und Optimierung der Effektivität von Lean Methoden in der Kleinserienproduktion

Band 152
Dr.-Ing. Matthias Schopp

Sensorbasierte Zustandsdiagnose und -prognose von Kugelgewindetrieben

Band 153
Dr.-Ing. Martin Kipfmüller

Aufwandsoptimierte Simulation von Werkzeugmaschinen

Band 154
Dr.-Ing. Carsten Schmidt

Development of a database to consider multi wear mechanisms within chip forming simulation

Band 155
Dr.-Ing. Stephan Niggeschmidt

Ausfallgerechte Ersatzteilbereitstellung im Maschinen- und Anlagenbau mittels lastabhängiger Lebensdauerprognose

Band 156
Dr.-Ing. Jochen Conrad Peters

Bewertung des Einflusses von Formabweichungen in der Mikro-Koordinatenmesstechnik

Band 157
Dr.-Ing. Jörg Ude

Entscheidungsunterstützung für die Konfiguration globaler Wertschöpfungsnetzwerke

Band 158
Dr.-Ing. Stefan Weiler

Strategien zur wirtschaftlichen Gestaltung der globalen Beschaffung

Band 159
Dr.-Ing. Jan Rühl

Monetäre Flexibilitäts- und Risikobewertung

Band 160
Dr.-Ing. Daniel Ruch

Positions- und Konturerfassung räumlich gekrümmter Profile auf Basis bauteilimmanenter Markierungen

Band 161
Dr.-Ing. Manuel Tröndle

Flexible Zuführung von Mikrobauteilen mit piezoelektrischen Schwingförderern

Band 162
Dr.-Ing. Benjamin Viering

Mikroverzahnungsnormal

Band 163
Dr.-Ing. Chris Becke

Prozesskraftrichtungsangepasste Frässtrategien zur schädigungsarmen Bohrungsbearbeitung an faserverstärkten Kunststoffen

Band 164
Dr.-Ing. Patrick Werner

Dynamische Optimierung und Unsicherheitsbewertung der lastabhängigen präventiven Instandhaltung von Maschinenkomponenten

Band 165
Dr.-Ing. Martin Weis

Kompensation systematischer Fehler bei Werkzeugmaschinen durch self-sensing Aktoren

Band 166
Dr.-Ing. Markus Schneider

Kompensation von Konturabweichungen bei gerundeten Strangpressprofilen durch robotergestützte Führungswerkzeuge

Band 167
Dr.-Ing. Ester M. R. Ruprecht

Prozesskette zur Herstellung schichtbasierter Systeme mit integrierten Kavitäten

Band 168
Dr.-Ing. Alexander Broos

Simulationsgestützte Ermittlung der Komponentenbelastung für die Lebensdauerprognose an Werkzeugmaschinen

Band 169
Dr.-Ing. Frederik Zanger

Segmentspanbildung, Werkzeugverschleiß, Randschichtzustand und Bauteileigenschaften: Numerische Analysen zur Optimierung des Zerspanungsprozesses am Beispiel von Ti-6Al-4V

Band 170
Dr.-Ing. Benjamin Behmann

Servicefähigkeit

Band 171
Dr.-Ing. Annabel Gabriele Jondral

Simulationsgestützte Optimierung und Wirtschaftlichkeitsbewertung des Lean-Methodeneinsatzes

Band 172
Dr.-Ing. Christoph Ruhs

Automatisierte Prozessabfolge zur qualitätssicheren Herstellung von Kavitäten mittels Mikrobahnerosion

Band 173
Dr.-Ing. Steven Peters

Markoffsche Entscheidungsprozesse zur Kapazitäts- und Investitionsplanung von Produktionssystemen

Band 174
Dr.-Ing. Christoph Kühlewein

Untersuchung und Optimierung des Wälzschälverfahrens mit Hilfe von 3D-FEM-Simulation – 3D-FEM Kinematik- und Spanbildungssimulation

Band 175
Dr.-Ing. Adam-Mwanga Dieckmann

Auslegung und Fertigungsprozessgestaltung sintergefügter Verbindungen für µMIM-Bauteile

Band 176
Dr.-Ing. Heiko Hennrich

Aufbau eines kombinierten belastungs- und zustandsorientierten Diagnose- und Prognosesystems für Kugelgewindetriebe

Band 177
Dr.-Ing. Stefan Herder

Piezoelektrischer Self-Sensing-Aktor zur Vorspannungsregelung in adaptronischen Kugelgewindetrieben

Band 178
Dr.-Ing. Alexander Ochs

Ultraschall-Strömungsgreifer für die Handhabung textiler Halbzeuge bei der automatisierten Fertigung von RTM-Bauteilen

Band 179
Dr.-Ing. Jürgen Michna

Numerische und experimentelle Untersuchung zerspanungsbedingter Gefügeumwandlungen und Modellierung des thermo-mechanischen Lastkollektivs beim Bohren von 42CrMo4

Band 180
Dr.-Ing. Jörg Elser

Vorrichtungsfreie räumliche Anordnung von Fügepartnern auf Basis von Bauteilmarkierungen

Band 181
Dr.-Ing. Katharina Klimscha

Einfluss des Fügespalts auf die erreichbare Verbindungsqualität beim Sinterfügen

Band 182
Dr.-Ing. Patricia Weber

Steigerung der Prozesswiederholbarkeit mittels Analyse akustischer Emissionen bei der Mikrolaserablation mit UV-Pikosekundenlasern

Band 183
Dr.-Ing. Jochen Schädel

Automatisiertes Fügen von Tragprofilen mittels Faserwickeln

Band 184
Dr.-Ing. Martin Krauße

Aufwandsoptimierte Simulation von Produktionsanlagen durch Vergrößerung der Geltungsbereiche von Teilmodellen

Band 185
Dr.-Ing. Raphael Moser

Strategische Planung globaler Produktionsnetzwerke
Bestimmung von Wandlungsbedarf und Wandlungszeitpunkt mittels multikriterieller Optimierung

Band 186
Dr.-Ing. Martin Otter

Methode zur Kompensation fertigungsbedingter Gestaltabweichungen für die Montage von Aluminium Space-Frame-Strukturen

Band 187
Dr.-Ing. Urs Leberle

Produktive und flexible Gleitförderung kleiner Bauteile auf phasenflexiblen Schwingförderern mit piezoelektrischen 2D-Antriebselementen

Band 188
Dr.-Ing. Johannes Book

Modellierung und Bewertung von Qualitätsmanagementstrategien in globalen Wertschöpfungsnetzwerken

Band 189
Dr.-Ing. Florian Ambrosy

Optimierung von Zerspanungsprozessen zur prozesssicheren Fertigung nanokristalliner Randschichten am Beispiel von 42CrMo4

Band 190
Dr.-Ing. Adrian Kölmel

Integrierte Messtechnik für Prozessketten unreifer Technologien am Beispiel der Batterieproduktion für Elektrofahrzeuge

Band 191
Dr.-Ing. Henning Wagner

Featurebasierte Technologieplanung zum Preforming von textilen Halbzeugen

Band 192
Dr.-Ing. Johannes Gebhardt

Strukturoptimierung von in FVK eingebetteten metallischen Lasteinleitungselementen

Band 193
Dr.-Ing. Jörg Bauer

Hochintegriertes hydraulisches Vorschubsystem für die Bearbeitung kleiner Werkstücke mit hohen Fertigungsanforderungen

Band 194
Dr.-Ing. Nicole Stricker

Robustheit verketteter Produktionssysteme
Robustheitsevaluation und Selektion des Kennzahlensystems der Robustheit

Band 195
Dr.-Ing. Anna Sauer

Konfiguration von Montagelinien unreifer Produkttechnologien am Beispiel der Batteriemontage für Elektrofahrzeuge

Band 196
Dr.-Ing. Florian Sell-Le Blanc

Prozessmodell für das Linearwickeln unrunder Zahnspulen
Ein Beitrag zur orthozyklischen Spulenwickeltechnik

Band 197
Dr.-Ing. Frederic Förster

Geregeltes Handhabungssystem zum zuverlässigen und energieeffizienten Handling textiler Kohlenstofffaserzuschnitte

Band 198
Dr.-Ing. Nikolay Boev

Numerische Beschreibung von Wechselwirkungen zwischen Zerspanprozess und Maschine am Beispiel Räumen

Band 199
Dr.-Ing. Sebastian Greinacher

Simulationsgestützte Mehrzieloptimierung schlanker und ressourceneffizienter Produktionssysteme

Band 200
Dr.-Ing. Benjamin Häfner

Lebensdauerprognose in Abhängigkeit der Fertigungsabweichungen bei Mikroverzahnungen

Band 201
Dr.-Ing. Stefan Klotz

Dynamische Parameteranpassung bei der Bohrungsherstellung in faserverstärkten Kunststoffen unter zusätzlicher Berücksichtigung der Einspannsituation

Band 202
Dr.-Ing. Johannes Stoll

Bewertung konkurrierender Fertigungsfolgen mittels Kostensimulation und stochastischer Mehrzieloptimierung
Anwendung am Beispiel der Blechpaketfertigung für automobile Elektromotoren

Band 203
Dr.-Ing. Simon-Frederik Koch

Fügen von Metall-Faserverbund-Hybridwellen im Schleuderverfahren
ein Beitrag zur fertigungsgerechten intrinsischen Hybridisierung

Band 204
Dr.-Ing. Julius Ficht

Numerische Untersuchung der Eigenspannungsentwicklung für sequenzielle Zerspanungsprozesse

Band 205
Dr.-Ing. Manuel Baumeister

Automatisierte Fertigung von Einzelblattstapeln in der Lithium-Ionen-Zellproduktion

Band 206
Dr.-Ing. Daniel Bertsch

Optimierung der Werkzeug- und Prozessauslegung für das Wälzschälen von Innenverzahnungen

Band 207
Dr.-Ing. Kyle James Kippenbrock

Deconvolution of Industrial Measurement and Manufacturing Processes for Improved Process Capability Assessments

Band 208
Dr.-Ing. Farboud Bejnoud

Experimentelle Prozesskettenbetrachtung für Räumbauteile am Beispiel einer einsatzgehärteten PKW-Schiebemuffe

Band 209
Dr.-Ing. Steffen Dosch

Herstellungsübergreifende Informationsübertragung zur effizienten Produktion von Werkzeugmaschinen am Beispiel von Kugelgewindetrieben

Band 210
Dr.-Ing. Emanuel Moser

Migrationsplanung globaler Produktionsnetzwerke
Bestimmung robuster Migrationspfade und risiko-effizienter Wandlungsbefähiger

Band 211
Dr.-Ing. Jan Hochdörffer

Integrierte Produktallokationsstrategie und Konfigurationssequenz in globalen Produktionsnetzwerken

Band 212
Dr.-Ing. Tobias Arndt

Bewertung und Steigerung der Prozessqualität in globalen Produktionsnetzwerken

Band 213
Dr.-Ing. Manuel Peter

Unwuchtminimale Montage von Permanentmagnetrotoren durch modellbasierte Online-Optimierung

Band 214
Dr.-Ing. Robin Kopf

Kostenorientierte Planung von Fertigungsfolgen additiver Technologien

Band 215
Dr.-Ing. Harald Meier

Einfluss des Räumens auf den Bauteilzustand in der Prozesskette Weichbearbeitung – Wärmebehandllung – Hartbearbeitung

Band 216
Dr.-Ing. Daniel Brabandt

Qualitätssicherung von textilen Kohlenstofffaser-Preforms mittels optischer Messtechnik

Band 217
Dr.-Ing. Alexandra Schabunow

Einstellung von Aufnahmeparametern mittels projektionsbasierter Qualitätskenngrößen in der industriellen Röntgen-Computertomographie